AF453639

COURS

THÉORIQUE ET PRATIQUE

DE LA TAILLE

DES ARBRES FRUITIÈRS.

IMPRIMERIE DE Mme HUZARD (NÉE VALLAT LA CHAPELLE),
rue de l'Éperon, 7.

COURS

THÉORIQUE ET PRATIQUE

DE LA TAILLE

DES ARBRES FRUITIERS,

PAR D'ALBRET,

MEMBRE DE PLUSIEURS SOCIÉTÉS AGRICOLES,

JARDINIER EN CHEF DE L'ÉCOLE D'AGRICULTURE ET DES ARBRES
FRUITIERS, AU JARDIN DU ROI.

DÉDIÉ

A M. MIRBEL, MEMBRE DE L'INSTITUT.

DEUXIÈME ÉDITION,

CORRIGÉE ET CONSIDÉRABLEMENT AUGMENTÉE;

Avec 32 figures gravées en taille-douce, représentant un très grand
nombre d'exemples.

PRIX, 5 F. ET 6 F. PAR LA POSTE.

PARIS,

Chez } Mme HUZARD, imprimeur-libraire, rue de l'Éperon, 7;
ROUSSELON, libraire, rue d'Anjou-Dauphine, 9.

1836.

A Monsieur

MIRBEL, MEMBRE DE L'INSTITUT,

Professeur de Culture et Administrateur
au Jardin du Roi.

Monsieur,

L'extrême bienveillance avec laquelle vous
m'avez permis de faire paraître, sous vos auspices,
la première édition de cet ouvrage me fait espérer que vous daignerez m'accorder l'honneur
de pouvoir continuer d'insérer votre nom au

frontispice de cette seconde, comme l'égide sous laquelle ce livre pourra également braver les chances de la publicité ; ce sera toujours pour moi un sujet de vive satisfaction et de reconnaissance, en voyant un tel ouvrage honoré des suffrages du digne successeur des A. Thouin et des Bosc.

Permettez-moi, Monsieur, de vous prier d'agréer l'assurance de mon respectueux dévouement.

D ALBRET

COURS

THÉORIQUE ET PRATIQUE

DE LA TAILLE

DES ARBRES FRUITIERS.

PREMIÈRE PARTIE.

CONNAISSANCES THÉORIQUES.

CHAPITRE PREMIER.

NOMENCLATURE ET CLASSIFICATION DES YEUX, BOU-
TONS, BOURGEONS, RAMEAUX ET BRANCHES.

SECTION PREMIÈRE. — *Végétation inerte.*

§ Iᵉʳ. Des Yeux.

L'œil est le *tégument* ou enveloppe des bourgeons non
développés ; c'est lui qui les protège contre l'intempérie
des hivers.

A l'époque de la taille, les yeux se reconnaissent au
premier aspect ; mais pendant la présence des feuilles
ils sont peu apparens, parce qu'ils sont recouverts par la
base plus ou moins large du pétiole (dit vulgairement
la queue) ; ce n'est même qu'à l'époque où elles ont

1

acquis toute leur grandeur, qu'ils peuvent être reconnus d'une manière certaine.

Forme des yeux. Les yeux varient dans leur forme, selon leur nature et la position qu'ils occupent. L'œil qui se trouve à l'extrémité de chaque rameau prend le nom d'œil terminal, et a, pour l'ordinaire, une forme conique plus ou moins comprimée.

Les yeux qui sont placés le long des rameaux sont ordinairement plus ou moins aplatis sur eux ; l'extrémité de ces yeux est aussi plus ou moins pointue : ceci peut dépendre de la nature du sujet, et cause parfois de la difficulté pour les distinguer des boutons.

Comme beaucoup de personnes confondent les yeux avec les boutons, et quelquefois même les bourgeons, nous allons expliquer les différences qui caractérisent chacun d'eux.

Yeux simples. L'œil simple contient un bourgeon destiné à devenir successivement *rameau* et branche.

On trouve de ces yeux sur toutes les parties des arbres, à l'exception du vieux bois, dans quelques uns, où ils sont très rares, comme nous le dirons à l'article *rameaux.*

Yeux doubles. Il se trouve de ces yeux sur une assez grande quantité de rameaux, mais les arbres à fruits à pepins en sont presque toujours privés. Il existe cependant pour ceux-ci, comme pour tous les autres, des sous-yeux, mais ils ne sont que peu ou point apparens. Dans le pêcher, les yeux doubles ne se trouvent jamais sur des rameaux à fruits du premier ordre ; ils sont aussi fort rares sur ceux du second, mais ils sont très communs sur ceux du troisième ; il y en a presque toujours un des deux qui prend le caractère de bouton.

Yeux triples. Ces yeux sont en très grande majorité sur les rameaux à fruits du troisième ordre ; il est presque général que deux d'entre eux se changent en boutons, qui se trouvent aux deux côtés de l'œil. Il n'est pas rare, non plus, d'en rencontrer sur les rameaux à bois et les gourmands, mais beaucoup conservent leur premier caractère. Celui du milieu a toujours plus de tendance à se développer que les deux autres ; nous verrons, plus tard, l'emploi que l'on en fait.

Yeux quadruples et quintuples. Les yeux quadruples et quintuples sont assez rares ; il n'y a que les forts rameaux à fruits et à bois qui en présentent quelques uns ; trois ou quatre prennent le caractère de boutons, et forment, pour ainsi dire, un petit groupe au milieu duquel se développe un œil capable de former un bourgeon très vigoureux.

Position des yeux. On distingue deux sortes d'yeux, les latéraux et les terminaux. Les yeux latéraux sont ceux qui naissent dans toute la longueur des rameaux sur leur circonférence ; on les distingue en *supérieurs* qui regardent le ciel, *inférieurs,* qui regardent la terre, *devant,* qui sont devant l'arbre par rapport à l'observateur, et enfin *derrière,* lorsqu'ils naissent sur la partie des rameaux qui avoisine la muraille. Nous n'insistons sur ces définitions que parce que chacun de ces yeux a des usages particuliers.

Yeux terminaux. Ils sont de deux sortes : celui qui

naît à l'extrémité du rameau, que l'on nomme *terminal fixe,* et celui au dessus duquel on taille, et que l'on nomme *terminal combiné.* En général, nous emploierons le mot *combiné* pour désigner des yeux, des bourgeons ou toute partie sur laquelle la taille doit exercer une influence que l'on prévoit d'avance.

Yeux latens. Ces yeux sont toujours simples, peu volumineux et placés sur le vieux bois. Ils restent souvent dans l'inaction pendant plusieurs années, et ne se développent, le plus souvent, que lorsqu'ils y sont excités par une taille rigoureuse. Nous verrons l'avantage que l'on en peut tirer, lorsque nous parlerons des opérations.

Yeux inattendus et adventifs. On leur a donné ce nom parce qu'ils ne sont aucunement apparens : on peut déterminer leur développement par des amputations ou par une taille rigoureuse, ce que nous expliquerons à l'article *rapprochement.*

Il se fait, pour l'ordinaire, un empatement très considérable au point où ils se développent.

Yeux annulés. On en trouve, assez fréquemment, à la base des rameaux (1); les caractères qui les font reconnaître sont leur état de décrépitude, leur peu d'embonpoint, et leur inaction. Si quelques uns ne sont pas totalement éteints lorsque les rameaux prennent le caractère de branches, et s'ils s'y conservent sans se développer, ils prennent le nom d'*yeux latens.* Une des

---

(1) On trouve par hasard quelques faibles rameaux mal constitués dans les yeux terminaux aussi annulés , ce qui fait peu ou point de dérangement pour la taille, comme nous le verrons lorsque nous traiterons cette matière.

causes les plus ordinaires de l'annulement des yeux est le défaut de temps, ou l'insouciance du cultivateur pour l'ébourgeonnage et le palissage, ce qui occasione la chute des feuilles, en raison du peu d'air qui circule entre elles.

Plusieurs maladies des arbres, particulièrement celle qui porte son action sur les feuilles, et qui les fait tomber avant qu'elles aient acquis leur accroissement, sont aussi des causes très fréquentes de l'annulement des yeux ; d'où l'on peut conclure que, si les feuilles ne sont pas indispensables pour la création des yeux, elles sont au moins nécessaires à leur perfection, puisqu'on ne les trouve bien constitués qu'à la base des feuilles qui sont restées sur les arbres jusqu'à la fin de leur végétation annuelle.

Il est vrai que les yeux cachés ne viennent pas à l'appui de cette assertion, puisqu'il en naît sur le vieux bois, à des places auxquelles il semble ne jamais y avoir eu de feuilles ; au reste, ce fait s'explique en supposant que les fluides absorbés par elles et portés immédiatement dans les vieilles branches y sont arrêtés et y forment ces sortes d'yeux. Dans les rameaux, le tissu des vaisseaux étant lâche et spongieux, la sève y circule librement ; mais, par l'accroissement en diamètre, les vaisseaux des branches étant comprimés irrégulièrement par les nouvelles couches formées, le fluide passe difficilement, et quelquefois y est tout à fait retenu ; de là, la formation des yeux.

§ II. Des Boutons.

Les boutons sont les tégumens propres des fleurs ; ils sont, ainsi que les yeux, couverts d'écailles qui peuvent être considérées, pour ceux-ci, comme autant de *sépales* avortées, et, pour ceux-là, de folioles également avortées. Cette simple explication suffit pour ne plus confondre les boutons avec les yeux, comme on le fait journellement.

Les boutons sont simples ou composés, selon le genre d'arbres sur lesquels ils se trouvent placés. Sur le pêcher, l'abricotier et l'amandier, ils sont le plus ordinairement simples. Ceux qui contiennent deux fleurs ne sont pas estimés, en ce qu'ils sont sujets à l'avortement.

Les boutons des pruniers sont presque généralement doubles, et souvent triples ; dans cet état, ils sont avantageux à la fructification. Ceux de cerisiers sont presque toujours quadruples et quintuples ; ils sont également les indices d'une riche récolte. Les fleurs que renferment les boutons des poiriers et pommiers sont en nombre considérable ; cependant il est rare qu'il excède dix à douze. Toutes les fleurs ne nouent pas, c'est à dire ne donnent point de fruits, à beaucoup près ; mais il est assez commun d'en voir quatre à cinq sur chacun des bouquets. Il est quelques espèces dont les boutons donnent huit à neuf fruits ; mais ce fait est assez rare.

Les boutons ont pour caractère principal d'être plus ronds, plus volumineux que les yeux ; ils semblent avoir les écailles plus larges et moins nombreuses, du moins au moment où la végétation commence ; ils sont généralement plus hâtifs à entrer en végétation. Ceci doit toujours servir de base pour les faire distinguer par les personnes qui ont encore peu l'habitude de la culture des arbres fruitiers.

Position des boutons. Elle diffère beaucoup, en raison des deux séries d'arbres auxquels ils appartiennent.

Sur les *arbres à fruits à noyau,* ils sont placés exclusivement le long des rameaux ; il n'est pourtant pas rare de voir à leur extrémité quatre à six boutons qui semblent les terminer ; mais il ne faut pas s'y tromper, ils sont toujours pourvus d'yeux terminaux qui jamais ne prennent le caractère de boutons. On trouve souvent de ces yeux annulés par les intempéries des saisons, ou par tout autre accident ; ce qui ferait croire que quelques rameaux en sont privés. On est souvent aussi tenté de croire que tous auraient pris le caractère de boutons ; mais c'est une erreur, de longues observations nous en ont convaincu : ainsi, sauf les accidens, il y a toujours un œil à l'extrémité des rameaux de la série des arbres à fruits à noyau.

Dans les *arbres à fruits à pepins,* la nature semble avoir agi en sens inverse de ce que nous venons de voir ; en effet, dans cette série d'arbres, la position des boutons est toujours à l'extrémité des rameaux ; ce sont des yeux terminaux qui ont pris ce caractère, qu'il n'est pas ordinaire de voir sur des yeux latéraux, à moins cependant que les rameaux sur lesquels ils se trouvent ne soient que modérément vigoureux, ou que les arbres qui les produisent aient des facultés fructifères extraordinaires, ce qui se rencontre même sur des espèces vigoureuses.

Ces boutons peuvent donner abondamment des fruits, lorsqu'ils ont une position favorable ; mais, comme ils sont toujours en petit nombre, et généralement placés vers l'extrémité des rameaux, la forme que l'on donne aux arbres contraint souvent à en faire le sacrifice ; d'ailleurs, les arbres qui en sont pourvus sont généralement assez chargés de boutons terminaux pour que l'on n'ait pas besoin de ceux qui se trouvent placés latéralement.

C'est à tort que quelques auteurs anciens et modernes ont publié qu'il fallait du bois de deux et trois ans pour obtenir des fruits sur cette série d'arbres. Cette assertion est dénuée de tout fondement ; nous avons souvent pris des rameaux desquels nous avons levé tous les yeux pour greffer à œil dormant ; plusieurs de ces yeux ont pris le caractère de boutons après avoir été greffés, et au moment d'étêter ces arbres, pour assurer le développement des yeux placés sur chacun d'eux, nous avons trouvé ces boutons bien constitués en état de donner des fruits. Ce que nous avançons ici est connu de beaucoup de pépiniéristes ; c'est donc une absurdité de prétendre qu'il est nécessaire d'avoir du bois de trois années pour obtenir du fruit.

Époque de la formation des boutons. Les boutons se forment long-temps avant la chute des feuilles ; il y a beaucoup d'arbres sur lesquels ils se font déjà remarquer dans le cours du mois d'août, quelquefois même dans les premiers jours de juillet ; cela dépend de la vigueur des individus. A cette époque, les cultivateurs n'y font aucune attention, parce qu'ils n'ont pas besoin de les reconnaître ; cette nécessité ne se fait sentir qu'au moment de la taille.

Section II. — *Végétation active.*

§ I. Développement des yeux, bourgeons et boutons.

Yeux. Les yeux sont susceptibles de diverses métamo

phoses ; les uns se transforment en boutons, les autres, et c'est le plus grand nombre , développent des bourgeons. Il arrive cependant quelquefois que plusieurs s'annulent, et que d'autres restent latens.

Bourgeons. Les bourgeons ne sont autre chose que le développement des yeux, lorsque leurs écailles sont tombées, et qu'ils laissent apercevoir leurs premières feuilles.

Les *bourgeons* conservent ce nom tant qu'ils continuent à pousser ; mais, lorsqu'ils sont terminés par un *œil* ou un *bouton*, ils prennent le nom de *rameaux*.

Faux bourgeons. Ce sont des productions qui sortent de l'aisselle des feuilles portées sur des bourgeons ordinairement vigoureux. Le pêcher y est très sujet. Ils conservent ce nom jusqu'à ce qu'ils soient aussi terminés par un œil, et alors on les nomme *faux rameaux*.

§ II. Des Rameaux.

Le *rameau* est, comme nous l'avons dit plus haut, le produit d'un *bourgeon* lorsque celui-ci est terminé par un *œil*. Les rameaux sont munis d'yeux dans toute leur longueur et à de plus ou moins grandes distances, selon leur nature et leur vigueur, qui varient beaucoup, puisqu'il s'en trouve qui ont à peine un pouce de longueur, et d'autres qui acquièrent six à huit pieds (1). C'est sur ces derniers que les yeux sont les plus apparens et qu'ils offrent le plus de ressource.

(1) Dans les arbres à fruits à pepins, nous considérons comme *rameaux* toute production de l'année qui a acquis plus de six à huit pouces ; celles qui ont moins forment deux genres, les brindilles ou lambourdes et les dards.

Changement d'état des rameaux, ou formation des branches. C'est aux rameaux que l'on doit la forme des arbres, puisque ce sont eux qui produisent les branches. Ils conservent le nom de *rameaux* jusqu'à l'époque de la seconde année de leur formation, où ils donnent naissance à des bourgeons ; ils prennent alors le nom de *branches*, qui, selon leur forme, leur position ou leur usage, ont reçu différens noms.

Avant de les faire connaître, nous dirons qu'un ou plusieurs *bourgeons* ou *rameaux*, portés sur du bois d'un an au moins, constituent ce que l'on nomme une branche.

Section III. — *Branches et rameaux.*

§ 1. Nomenclature des branches et rameaux de la série des arbres à fruits à noyau, taillés en éventail.

A. BRANCHES.

1. Branches du premier ordre.

Première sorte. Branches-mères. Ces branches séparent le tronc en deux parties égales ; leur fonction est de charrier la sève dans toutes les parties de l'arbre. (Voyez *pl. III, fig. A.*)

Deuxième sorte. Branches-sous-mères. Ce sont celles qui partent de la base des mères-branches, dont elles ne diffèrent que par leur position. (*Même planche, figure B.*)

Troisième sorte. Branches secondaires. Ce sont celles qui offrent le plus de volume après les mères et les sous-mères ; elles sont placées sur chacune d'elles régulièrement à la distance de trois pieds ou environ, pour le pêcher, 18 à 20 pouces pour les abricotiers et pruniers, ce qui suffit pour la facilité du placement des branches dont elles sont munies.

Cette sorte de branches comprend deux genres, en raison de leur position ; c'est à dire que celles qui sont placées sur la partie supérieure des mères-branches et des sous-mères portent le nom de secondaires supérieures, et celles qui se trouvent placées en dessous de secondaires inférieures. (*Planche III, figure C.*)

2. BRANCHES DU SECOND ORDRE.

Première sorte. Branches de ramification. Elles prennent naissance sur les branches secondaires (*même planche, figure D*); elles ne sont souvent que momentanées. Nous donnerons connaissance de leur emploi, lorsque nous parlerons de leur formation, à l'article *de la taille.*

Deuxième sorte. Branches intermédiaires. Les branches intermédiaires ne sont autre chose que des branches coursonnes auxquelles leur position a valu ce nom, car elles sont toujours placées entre les branches secondaires. Elles sont plus ou moins volumineuses, en raison de leur vigueur. Nous entrerons dans des détails plus circonstanciés, en parlant de la création de ces branches, à l'article *de la taille.* (Voyez leur caractère, *planche III, figure OE.*)

Troisième sorte. Branches coursonnes. Ces branches prennent naissance sur toutes celles dont nous venons de parler. Elles sont ainsi nommées, parce qu'elles ont beaucoup d'affinité avec les branches de même nom placées sur les vignes ; elles sont également courtes, et, quand elles ont acquis l'âge de quatre ou cinq ans et

plus, elles sont aussi noueuses et contournées par l'effet
des opérations qu'elles ont subies. Elles ont diverses
positions ; les unes sont inclinées vers la terre, et prennent le nom de branches *coursonnes inférieures;* les
autres regardent le ciel, ce sont les branches *coursonnes
supérieures.* (Voyez *pl. III, fig.* 2, 3, 5, *etc.*)

Quatrième sorte. Branches-crochets. Elles sont ainsi
nommées, parce qu'elles ressemblent assez aux crochets
employés à la cueillette des fruits.

Ces branches sont toujours placées sur les coursonnes ;
elles consistent en deux rameaux à fruits du troisième
ordre, dont un est taillé assez long pour obtenir du
fruit dans des proportions données, et qui varient beaucoup, en raison de la force et de la position de la
branche sur laquelle il se trouve.

Le second est taillé aussi court qu'il est possible, afin
qu'il puisse reproduire d'autres branches-crochets. Nous
donnerons, sur eux, des détails plus circonstanciés,
lorsque nous arriverons aux opérations qui les concernent. (Voyez *pl. III, fig.* 13.)

Cinquième sorte. Branches épuisées. Ce sont celles sur
lesquelles on ne trouve plus aucun rameau à fruits du
troisième ordre, et encore moins de rameaux à bois.
On les reconnaît assez facilement à leur aspect, les rameaux qui s'y rencontrent étant toujours à fruits du
premier et du second ordre. Dans les arbres à fruits à
pepins, les branches épuisées sont presque entièrement
privées de rameaux ; elles sont seulement munies de
brindilles ou lambourdes et de dards ; et les branches
à fruits, qui y sont très multipliées, sont d'un petit
volume et de mauvaise apparence ; les bourses y sont

peu renflées ; enfin , les boutons et les yeux y offrent
également un caractère de longueur remarquable. Au
reste , la nomenclature de ces branches est si simple,
qu'elle n'aurait pas besoin d'explication ; mais elle est
d'une telle importance, pour les applications, que nous
avons cru devoir y ajouter quelques phrases qui en
précisassent le sens et aidassent à les retenir.

Sixième sorte. Branches de remplacement. On nomme
ainsi celles qui sont destinées à remplacer des branches
épuisées ou sur le point de le devenir, tant pour celles
qui composent la charpente que pour les branches coursonnes. Les branches de ramification et les intermédiaires ne se remplacent pas ; ce sont elles, au contraire,
qui sont souvent employées pour remplacer des branches
secondaires. Les rameaux à bois, ou les gourmands,
sont aussi très propres à cet usage ; et, par une préparation soignée, les rameaux à fruits ont aussi cette faculté,
mais ils sont plus particulièrement réservés pour remplacer les branches coursonnes. Un rameau peut aussi
en remplacer un qui serait dans son voisinage et que
l'on aurait taillé dans cette vue. Nous insisterons davantage sur ces branches en parlant de la taille.

B. RAMEAUX.

Première sorte. Gourmands. On nomme gourmands
tous rameaux et branches dont la vigueur extraordinaire paraît menacer l'existence de celles qui les envi-
ronnent. Ce caractère devra toujours servir pour les
faire reconnaître (1). Il est d'ailleurs difficile de s'y mé-
prendre à leur volume, à la couleur rousse pointillée

(1) Ceci étant commun pour toutes les séries d'arbres, nous n'en
parlerons plus à l'article *Pommier et Poirier*.

de leur écorce, qui se fait remarquer dans les deux premiers tiers de leur longueur, à la petitesse des yeux placés dans cette partie, dont quelques uns sont annulés et assez éloignés, tandis que ceux qui sont à leur partie supérieure sont gros et très saillans, et que beaucoup d'entre eux se développent et forment des faux rameaux. Ces caractères sont les plus ordinaires; mais, comme je le dirai plus haut en parlant des accidens que les rameaux éprouvent par rapport aux terrains, aux expositions, aux temps, aux insectes, etc., il est des gourmands et d'autres productions analogues, dont les caractères varient considérablement, puisqu'au lieu de trouver de tout petits yeux à leur base comme je viens de le dire, on y rencontre un assez grand nombre de faux rameaux, ce qui est le contraire de ce qui a été dit plus haut; mais leur volume et la couleur rousse de leur écorce ne varient pas.

Deuxième sorte. Rameaux à bois. Ils diffèrent peu des précédens pour leur forme et la couleur de leur écorce. Ils sont ainsi nommés, parce qu'ils sont, pour l'ordinaire, privés de boutons à leur base ; quoique les yeux qui s'y rencontrent soient triples pour la plupart, néanmoins les extrémités de ces rameaux sont abondamment pourvues de boutons. Les faux rameaux sont aussi très fréquens sur cette partie. Les jeunes sujets de la première, deuxième, troisième et quatrième taille ont beaucoup de ces rameaux ; ils se rencontrent plus rarement sur les arbres plus avancés en âge, lorsqu'ils sont bien taillés.

Troisième sorte. Rameaux combinés. On nomme ainsi ceux qui, par une taille raisonnée, se sont développés dans différens sens et sur différens points ; les uns sont latéraux, les autres terminaux. Nous traiterons de leur création et de l'usage que l'on en doit faire au chapitre *de la taille.*

Quatrième sorte. Rameaux inattendus ou adventifs. Ces sortes de rameaux sont ainsi nommés, en ce qu'ils se présentent dans des positions véritablement inattendues, qu'ils percent le plus souvent à travers les écorces des branches de toute nature, comme nous l'avons dit à l'article des *bourgeons* de ce genre. Ils présentent à leur base un empatement assez considérable, ce qui leur donne la facilité de prendre un très grand accroissement. Ils sont assez communs sur les vieux arbres, et il s'en développe quelquefois dans le voisinage du bourrelet de la greffe de beaucoup d'arbres du genre pêcher, plantés dans un bon terrain seulement, car les arbres qui croissent sur un mauvais en sont assez généralement privés ; et lorsqu'il s'en trouve, ils semblent inviter les cultivateurs à réformer de vieilles branches, afin de faire passer leur peu de sève au profit de ces jeunes rameaux. Cette opération ne doit se faire qu'avec de très grandes précautions que nous expliquerons à la taille. Les rameaux inattendus sont beaucoup plus fréquens sur les arbres à fruits à pepins que sur ceux dont nous venons de parler ; ils sont souvent le résultat de quelques amputations, ou l'effet d'une taille mal raisonnée.

L'état de caducité, ou quelques maladies auxquelles ces arbres sont sujets, nécessitent aussi leur sortie, et l'on en voit assez souvent sur les tiges des arbres de tout genre. Nous ferons remarquer l'importance et l'utilité de ces rameaux, lorsque nous traiterons les différentes tailles.

Cinquième sorte. Rameaux à fruits et à bois, ou rameaux mixtes. On nomme ainsi ceux qui sont suscep-tibles de donner du fruit en abondance, et dont les yeux peuvent se développer avec assez de force pour former des bourgeons vigoureux, propres à la formation de rameaux à fruits du troisième ordre pour l'année qui succède ; ces rameaux ont pour caractère principal les écorces rousses pointillées à leur base, et les yeux de cette partie bien développés et accompagnés de deux et quelquefois trois boutons, sauf les accidens. Ceux qui sont placés vers l'extrémité sont, pour l'ordinaire, très saillans, toujours triples, quelquefois quadruples et quin-tuples ; une partie de ces yeux se changent en boutons.

Les rameaux à *fruits et à bois* sont assez souvent placés à l'extrémité des branches qui forment la char-pente des arbres, quoiqu'ils ne soient pas rares sur les branches coursonnes supérieures. En général, ils déno-tent assez la vigueur des branches qui les alimentent.

Sixième sorte. Rameaux à fruits du troisième ordre. Ces rameaux ressemblent beaucoup aux précédens ; néanmoins ils sont toujours moins volumineux, moins propres à donner une grande quantité de fruits, et ne peuvent développer qu'un ou deux bourgeons capables de les remplacer. En effet, si la taille est sagement com-binée, les précédens peuvent donner une assez grande quantité de fruits et un certain nombre de bourgeons, ce qui n'a jamais lieu pour ceux-ci ; mais leur position les caractérise plus encore que tout ce qui vient d'être dit ; du reste, les rameaux à fruits du troisième ordre sont en grande partie pourvus d'yeux triples, dont deux prennent le caractère de boutons. (Voy. *pl. I, fig.* 6.)

Lorsqu'ils sont bien constitués, les yeux qui sont à leur base sont en général assez rapprochés, mais sujets à être endommagés par les gelées printanières ou par quelque défaut du palissage.

Ces rameaux ont, pour l'ordinaire, la grosseur d'un tuyau de plume, terme moyen, et 10 à 30 pouces de longueur. On a quelquefois de la peine à les reconnaître, surtout lorsque, par les accidens que je viens d'expliquer plus haut, ils se présentent privés de boutons dans toute leur longueur. On ne sait alors à quel ordre ils doivent appartenir; leur longueur et leur grosseur sont, en pareil cas, les seuls caractères auxquels il faille s'attacher.

Septième sorte. Rameaux à fruits du second ordre. Ils tiennent le milieu entre ceux du premier ordre et ceux du troisième. Ils sont grêles, de la longueur de 3 à 10 pouces. Leur volume ne dépasse guère la grosseur d'une paille de seigle, à la base, et souvent ils sont infiniment plus minces. Leur caractère principal est d'avoir la plus grande partie de leurs yeux latéraux simples, et dont la plupart ont pris le caractère de boutons (voyez *pl. I, fig.* 7). Si cependant ils se trouvaient dans des positions telles que l'air y parvînt difficilement, les yeux seraient dominans et mal constitués. Ces rameaux peuvent donner des fruits, quoi qu'en disent une foule d'auteurs, mais rarement des bourgeons assez vigoureux pour les remplacer, à moins que l'on ne supprime les fruits en les taillant sur le premier ou second œil; encore n'en doit-on espérer de bons résultats qu'en faisant des réformes assez nombreuses sur les branches auxquelles ils sont attachés. Cette réforme forcera la sève à se porter dans les yeux réservés, qui bientôt formeront des rameaux du troisième ordre. Mais, sous ce point de vue et celui du produit en fruits, l'on ne devrait en faire usage qu'à la dernière extrémité ; car un arbre taillé avec soin doit avoir assez de rameaux bien constitués, sans eux ; cependant, à cause de leur position dans le voisinage des grosses branches ou du mur leur servant d'abri, on est fort heureux de pouvoir en tirer parti quand les intempéries ont détruit la plus grande partie des boutons tenant aux rameaux dont il vient d'être parlé.

Huitième sorte. Rameaux à fruits du premier ordre. Ils acquièrent à peine la longueur de 1 à 3 pouces ; ils sont toujours munis d'un œil terminal, et les yeux qui se trouvent placés latéralement prennent, pour la plupart, le caractère de boutons ; quatre à cinq de ces boutons garnissent la base de l'œil terminal, et semblent se confondre avec lui (voyez *pl. I, fig.* 8). On leur a donné divers surnoms à Montreuil ; ils ont reçu celui de *Cochonai* (nom auquel les cultivateurs de ce pays ne peuvent donner aucune définition); ils sont également connus sous celui de branches à bouquet, branches couronnées, en ce qu'ils offrent cet aspect lors de l'épanouissement de leurs fleurs. Ces petits rameaux sont ceux sur lesquels les fruits offrent plus de chances de réussite ; ils peuvent, en plus, donner naissance à des bourgeons très propres à former des rameaux du troisième ordre, pour l'année qui suivra cette opération.

Faux rameaux. Ces sortes de productions sont placées exclusivement sur tous les rameaux, mais plus communément sur ceux à bois, et les gourmands : ils sont tout aussi propres à donner des fruits que tous les autres rameaux ; ce que j'ai dit en parlant des faux bourgeons me dispense d'entrer dans de plus longs détails à leur sujet.

§ II. Nomenclature des Branches et Rameaux de la série des arbres à fruits à pepins.

A. BOIS.

1. *Branches qui composent la charpente des arbres soumis à la taille en éventail.*

Elles ne diffèrent en rien de celles qui composent la charpente des arbres à fruits à noyau, à l'exception des branches secondaires qui sont beaucoup plus rapprochées l'une de l'autre, leur plus grande distance étant d'un pied ou environ ; de sorte qu'inclinées l'une sur l'autre, cette distance se réduit à peu près à 6 pouces (voyez *pl. IV, fig.* 1). Les moyens employés pour les obtenir étant les mêmes que ceux indiqués dans la première division, je m'abstiendrai de les répéter.

2. *Branches composant la charpente des arbres soumis à la taille en vase ou gobelet.*

Branches circulaires, simples ou bifurquées. Elles sont ainsi nommées, parce qu'elles sont placées circulairement, de manière à former par leur ensemble un vase ou gobelet plus ou moins grand, selon la vigueur des arbres.

Elles sont simples, bifurquées ou trifurquées, selon les besoins et la force de chacune d'elles. Nous indiquerons ces cas en parlant de la taille en vase ou gobelet.

3. *Branches qui composent la charpente des arbres taillés en pyramide et en quenouille.*

Première sorte. Tige. La tige peut être considérée

comme la branche-mère unique, ou l'axe central des arbres en pyramide et en quenouille. On nomme flèche le rameau qui doit continuer la tige.

Deuxième sorte. Branches latérales. Toutes les branches portées immédiatement sur la tige ont reçu ce nom ; leur ensemble forme la charpente des arbres ainsi taillés.

Troisième sorte. Branches latérales bifurquées. Ces branches ne diffèrent des précédentes qu'en ce qu'elles sont bifurquées et trifurquées. (voyez BIFURCATION, *pl. VI, fig. 4*).

Il est bon d'observer que ce qui vient d'être dit dans les sous-divisions II et III s'applique également aux arbres à fruits à noyau, lorsqu'on leur donne les mêmes formes.

B. A FRUITS.

Première sorte. Rameaux couronnés. Les rameaux couronnés sont ceux à l'extrémité desquels il se trouve un bouton ; ils ont différentes dimensions, et sont tous propres à fournir des fruits : lors de la taille, j'expliquerai leur usage.

Deuxième sorte. Dards. Les dards sont de petits rameaux, ayant depuis 2 lignes jusqu'à deux pouces de longueur, dont l'œil terminal est plus ou moins pointu ; on les nomme ainsi, parce qu'ils sont placés ordinairement à angle droit ou à peu près sur les branches auxquelles ils appartiennent (voyez *pl. V, fig. 1*). Les dards se trouvent sur toutes les parties des arbres, et sont une des premières ressources pour la production des fruits, puisque l'œil qui est à l'extrémité de chacun d'eux s'arrondit, et prend à la fois le caractère de bouton. Il est vrai que l'on ne peut en fixer l'époque ; mais une main habile peut l'avancer d'une manière sensible et presqu'à son gré ; néanmoins je ferai remarquer un de ces dards (*pl. V, fig.* 1), qui, comme on peut le voir, est de la longueur de 2 pouces et demi ou environ, de l'âge de sept années, et qui cependant n'est pas encore couronné, cela tient à la nature de l'arbre ou à la position dans laquelle l'un ou l'autre se trouve.

Il est facile de voir que le dard placé à la droite de la fig. 1, pl. *V*, n'a que six mois; mais on remarque également qu'il se trouve placé sur une portion des rameaux. Si ce dard avait pris plus d'accroissement, il aurait la dénomination de brindille ou de faux rameau, selon son étendue. Indépendamment de la fig. 1, on pourra également en remarquer de différentes dimensions sur les bourses (*fig.* 3, *etc.*).

Troisième sorte. Dards couronnés. Ils se distinguent des précédens, en ce que l'œil qui se trouve placé à l'extrémité de chacun d'eux prend le caractère de bouton (voyez *pl. V, fig.* 2). On peut, en obtenant des fleurs et des fruits, obtenir aussi des rameaux considérables qui puissent être utilisés au besoin.

Quatrième sorte. Bourses. Ce sont les productions des boutons (voyez *pl. V, fig.* 3). Elles se présentent sous cette forme aussitôt que les fleurs paraissent, au point où le pédoncule de celles-ci est attaché, et elles la gardent pendant un laps de temps assez considérable, mais qui peut être limité, en raison de la quantité de sève qu'on y fera passer ; par ce moyen on peut, à volonté, en faire sortir des dards ou des rameaux de la longueur de plusieurs pieds.

Nous traiterons cette matière plus en détail à l'article de la taille.

Cinquième sorte. Brindilles. Ce sont de petits rameaux grêles de la longueur de 4 pouces, terme moyen (voyez *pl. V, fig.* 4). Ils sont de première nécessité sur les arbres vigoureux, pour les déterminer à donner des fruits, puisque, partout où ils se trouvent, ils opèrent, comme les dards, la multiplicité des boutons. Voyez le résultat (*pl. V, fig.* 5). Lorsque les brindilles sont dans cet état, elles prennent le nom de *branches à fruits*, puisque tous les yeux qu'elles alimentent peuvent prendre le caractère de boutons.

Elles sont de peu d'importance sur les arbres d'une végétation faible, en ce que les dards et les boutons y sont pour l'ordinaire très multipliés et souvent plus que suffisans, comme nous le verrons en parlant de la taille.

Sixième sorte. Branches à fruits proprement dites. Les branches à fruits sont considérées telles, du moment où un ou plusieurs de leurs yeux ont pris le caractère de boutons, et que la plus grande partie des autres produits se compose de dards et de bourses (voyez *pl. V, fig.* 5 *et* 6); et, néanmoins, il est des branches à fruits dont les caractères ne sont pas aussi bien prononcés, en ce qu'il se trouve quelques uns de leurs dards développés et formant des rameaux. Quand le nombre de ces rameaux ne dépasse pas celui des dards, elles ne sont pas moins considérées comme branches à fruits; mais, si

ceux-là ont la majorité, elles ne doivent plus être regar
dées que comme branches à bois.

A l'article de la taille, nous donnerons les moyens de
les ramener à leur état primitif.

Les branches à fruits ont souvent des dimensions
beaucoup plus considérables que celle que nous représente la *fig*. 6 , *pl. V*. On voit, par cette figure, que les
bourses sont accumulées les unes sur les autres, ce qui
prouve que le nombre en est illimité par la nature, mais
fixé par le jardinier instruit ; leur surabondance peut
devenir très nuisible à la santé des arbres, par l'excès
des mauvais petits fruits qui en sont les résultats.

Parmi les différentes branches qui composent la charpente des arbres de cette série, il en est plusieurs qui
prennent le caractère des branches à fruits ; ce sont celles
qui ne produisent que des dards. On doit, par le déchargement, éviter la présence de ces branches, qui,
en peu d'années, feraient perdre la belle régularité des
arbres sur lesquels elles seraient trop long-temps to-
lérées : les exemples que j'en donnerai confirmeront cette
vérité.

SECTION IV. — *Classification des Branches et Rameaux*
sous le rapport de leur vigueur.

Il me paraît indispensable de former quatre genres
de branches, afin de pouvoir expliquer clairement les
principes généraux qui concernent chacune d'elles, et
me dispenser d'augmenter le détail des opérations, lors
des démonstrations de la taille. Il m'a paru en même
temps nécessaire de donner une idée précise de l'action
de la sève sur elles, en indiquant les moyens applicables

pour les maintenir en vigueur, ou apaiser leur trop forte végétation.

La première sorte de ces branches est celle que j'ai nommée branches fortes, la seconde, branches faibles, la troisième, branches languissantes, et, enfin, la quatrième, branches épuisées.

Branches et rameaux forts. Les opérations applicables à ces parties ont été décrites par beaucoup d'auteurs ; mais comme quelques uns ne partagent pas entièrement mon opinion, et que l'expérience m'a convaincu de l'efficacité de mes opérations, je vais en indiquer les règles.

Je dirai donc que, pour empêcher le développement des branches ou rameaux forts et non chargés de boutons, il faut les tailler très court, afin de leur laisser peu de canaux conducteurs de la sève ; si, au contraire, on veut les développer, il faut tailler très long : il est même souvent nécessaire de les en dispenser (1), afin que la quantité d'yeux qui s'y trouveront puisse augmenter leur vigueur ; car les *yeux bien constitués* sont autant de pompes propres à attirer la sève. Je suis, sur ce point, parfaitement d'accord avec **M.** *Mosard,* excepté que cet auteur attribue aux branches la faculté que j'accorde aux *yeux bien constitués.* Pour moi, je crois que les bran-

(1) À l'appui de ce principe, je citerai **M.** Sieulle, jardinier de **M.** le duc de Choiseul, à Veau-Praslin, près Melun, qui avait pour système de ne jamais tailler les rameaux destinés à prolonger les branches-mères de ses superbes pêchers, auxquels il a fait prendre une envergure de soixante-dix-huit pieds. Une pareille assertion suffit pour prouver que, pour donner du développement à une branche en bonne santé, il faut lui donner beaucoup d'extension : j'aurai occasion de revenir sur ce principe, lors des opérations.

ches ne font que conduire la sève des racines aux bourgeons.

Lors donc qu'une de ces branches paraît prendre plus de développement qu'on ne le désire, il faut faire ce que j'ai dit plus haut, tailler très court (1), et soutenir ce principe d'opération par l'ébourgeonnage et le pincement que l'on fera très rigoureusement et de bonne heure, afin de lui laisser peu d'organes propres à faciliter sa végétation.

Tous les cultivateurs de la campagne qui aiment à observer peuvent se pénétrer de cette vérité. Il n'est aucun d'eux qui n'ait vu des arbres couverts de chenilles, en partie ou en totalité. Si donc une branche est attaquée par ces insectes, bientôt ils dévorent les feuilles et l'extrémité des jeunes bourgeons ; alors elle diminue de vigueur, et, si l'on ne vient pas à son secours, elle peut périr, fût-elle la plus vigoureuse de toutes, comme on le voit souvent.

Nous devons donc profiter de cette leçon de la nature, et employer ses moyens pour rétablir l'équilibre, base, de l'existence dans les végétaux.

Branches et rameaux faibles. On nomme ainsi toute branche qui, bien constituée, d'ailleurs, et en bon état de santé, se trouve plus petite qu'une ou plusieurs de ses voisines, mais à laquelle une taille longue, peu ou point chargée de boutons, rendra la supériorité.

Branches languissantes. Il faut bien se garder de con-

_____

(1) Cependant, cette opération ne doit pas être trop multipliée sur les arbres à fruit à noyau ; on les mettrait dans le cas d'avoir des extravasations de sève.

fondre ces branches avec les précédentes, dont le nom paraît identique, mais dont la constitution diffère essentiellement. On nomme *branches languissantes* toutes celles qui sont dans un état maladif, sur lesquelles les rameaux à bois sont presque nuls ou mal constitués, et ceux à fruit très multipliés.

Ce que j'ai dit jusqu'à présent s'applique à tous les genres d'arbres; mais ce que je vais dire maintenant est spécialement destiné à ceux de la série des fruits à noyaux. Dans cette série, des branches semblables doivent être taillées avec toutes les précautions utiles à leur rétablissement; une partie des rameaux sera totalement supprimée, et l'autre taillée assez près de leur base, pour qu'il n'y reste qu'une très petite quantité de fruits, et que la branche puisse reproduire des bourgeons vigoureux, pour remplacer les rameaux supprimés.

Branches épuisées. Ce sont les branches languissantes arrivées à la dernière période de leur existence, et sur lesquelles on ne rencontre plus ou presque plus de rameaux à fruit du troisième ordre; si, par hasard, il s'en trouve quelques uns, les yeux y sont rares, en ce qu'ils sont généralement transformés en boutons; les rameaux du second et du premier ordre y sont en grand nombre; l'adoption d'un gourmand, une ou plusieurs récoltes trop abondantes, quelque maladie des feuilles, l'infection de quelque insecte sur les écorces, et enfin, le nombre des années, sont toujours les causes de cet état(1). Nous verrons plus bas que cet épuisement a

____

(1) Une dernière récolte est souvent tentée inutilement sur de

souvent lieu volontairement, par l'effet d'une taille démesurément longue : c'est ce que l'on nomme tailler en
toute perte ou sans réserve.

telles branches, parce qu'elles périssent souvent avant la maturité
des fruits.

CHAPITRE II.

PRINCIPES GÉNÉRAUX.

—

SECTION PREMIÈRE. — *Équilibre de végétation.*

§ I. Moyens de répartir également la sève dans les diverses parties des arbres taillés en éventail.

J'ai dit plus haut que les mères-branches séparent *les arbres en éventail* en deux parties égales, et donnent lieu à ce que l'on appelle la *charpente de ces arbres.*

Une longue pratique a prouvé que, pour leur succès, elles ne doivent pas être plus inclinées que l'angle de 45 degrés, et encore ne doivent-elles arriver à cet angle que graduellement : car la première année de leur existence, elles devront occuper une pente beaucoup plus rapide, comme de 75 et 70 degrés, et abaissées successivement chaque année, en raison de leur vigueur ; car c'est toujours la nécessité du placement des rameaux destinés au prolongement de ces branches qui doit les faire abaisser à celui de 45. Il est vrai que cet angle est souvent dépassé de beaucoup par le défaut de hauteur des murailles ou d'autres circonstances que je développerai plus tard, en parlant des défauts de quelques arbres que l'on rencontre dans certains jardins. Ceci est parfaitement applicable aux arbres qui poussent avec régularité dans les deux ailes ; mais il arrive souvent qu'un des côtés pousse avec une très grande vigueur, tandis que l'aile opposée est très faible ; si l'on n'y remédie promptement, l'arbre se trouve défiguré en peu de temps, et exposé à perdre une de ces ailes : c'est ce qu'on appelle un arbre *épaulé*.

Premier moyen. Il faut, dans ce cas, redresser les branches affaiblies, et abaisser autant que possible l'aile la plus vigoureuse, afin que la sève soit obligée de changer sa marche, pour passer au profit de la partie faible. Si l'on joint à cette précaution celle de conserver au dessus de la partie forte lesauvents décrits plus loin, le succès en sera plus prompt et plus efficace, puisque des expériences toutes récentes m'ont prouvé que ce moyen pouvait remplacer la plupart de ceux que l'on a mis en usage jusqu'à ce jour : c'est aussi un excellent procédé à mettre en pratique momentanément, pour diminuer l'extrême vigueur de la partie supérieure et du centre de quelques arbres, qui auraient de la tendance à trop pousser dans cette partie. Il est encore un moyen que je recommanderai toujours en pareil cas, c'est de palisser le plus près possible tous les rameaux et bourgeons de la partie forte, en laissant à l'autre toute aisance et toute liberté : si celle-ci était palissée, il serait bon de la débarrasser de ses attaches, et de l'éloigner du mur par des bouchons de paille ou autres corps placés entre les grosses branches et le mur, ou par des perches sur lesquelles elle serait fixée jusqu'à ce que l'équilibre fût rétabli, ce qui arrive assez généralement avant la fin de l'été. Il ne serait pas convenable d'employer ce moyen trop tôt, ou, tout au moins, le modifier, parce que pendant tout le printemps les branches et les bourgeons ont besoin de la protection de la muraille. Du reste, il peut être employé avec un pareil succès pour une branche ou même un simple bourgeon dont on voudrait aider le développement.

Deuxième moyen. Si les indications que je viens de donner étaient insuffisantes, il faudrait pincer sévèrement les bourgeons les plus forts de la partie vigoureuse, et même réformer les moins utiles ; puis mutiler un assez grand nombre de feuilles naissantes sur les plus forts bourgeons réservés : quant à la partie faible, on la traitera en sens inverse, c'est à dire que tous les plus forts bourgeons devront être conservés intacts ; et si on est contraint de faire quelques réformes pour éviter la confusion, elles ne devront être faites que parmi les plus faibles. Cette simple suppression livre passage à l'air, et la liberté que l'on a donnée aux branches, laissant aux feuilles l'exercice de leurs fonctions absorbantes, dès lors ces parties ne tardent pas à reprendre la supériorité ou, au moins, l'égalité de vigueur qu'elles avaient perdue.

Troisième moyen. Si tous ces soins n'ont pas encore donné de résultats satisfaisans, à la taille, on supprimera quelques rameaux à bois, les moins utiles, du côté fort, on l'inclinera davantage, et les rameaux vigoureux destinés à prolonger la charpente devront être taillés un peu court. S'il se trouvait sur cette partie des rameaux à fruits, on en laisserait la presque totalité, et on les taillerait un peu plus longs que si l'arbre était uniforme dans toutes ses parties(1).

(1) C'est ce que nos anciens auteurs ont nommé *charger* la partie forte et *décharger* la partie faible. La plupart des théoriciens, ayant combattu cette opinion, ont donné lieu à de faux préceptes, que je me promets de réfuter en parlant du *chargement* et du *déchargement*.

Le côté faible sera traité en sens inverse, c'est à dire que les rameaux à bois destinés à prolonger la charpente devront être taillés très long, et quand quelques uns d'entre eux seront d'une belle constitution, et que les circonstances le permettront, il y aura avantage de les laisser sans taille : tous les autres, sans en excepter ceux à fruit, devront être taillés aussi court que possible, pour en obtenir plutôt du bois que du fruit. Il en résultera que le petit nombre d'yeux qui y resteront se développeront avec force, et donneront de bons bourgeons qui rétabliront bientôt l'équilibre, en ayant soin pourtant d'y ajouter le palissage, comme je l'ai indiqué plus haut. Enfin, on facilitera le développement de ces branches, en les incisant longitudinalement. Ce moyen n'aura de succès qu'autant que leurs fibres seront encore assez élastiques pour se dilater au moment où la sève se mettra en mouvement.

Quatrième moyen. Si l'on taillait long une branche languissante, comme je l'ai dit pour les branches faibles, on achèverait de la perdre ; il faut, au contraire, la tailler très court, et chercher à n'obtenir que peu ou pas de fruits, quand bien même elle serait assez vigoureuse ou avancée en âge pour en donner. La partie opposée, qui est d'une vigueur démesurée, sera également taillée très court ; il est même quelquefois nécessaire de rapprocher sur le vieux bois, afin de reporter la sève dans une plus petite quantité d'yeux. Bien que ce procédé ne soit pas infaillible, c'est cependant ce que l'on peut faire de mieux, au moins pour de jeunes arbres, en ce que, si la sève ne passe pas dans la partie languissante, au moins elle se trouve assez comprimée du côté fort pour faire naître sur quelques branches coursones supérieures des bourgeons vigoureux , qui , devenant gourmands, ou à bois, seront inclinés du côté languissant, 'afin' de préparer le remplacement de cette partie, ce qui se fait lors de la taille qui suit cette préparation.

Ce dernier moyen ne doit être mis à exécution qu'à la dernière extrémité, ce qui est très rare, ceux indiqués plus haut suffisant le plus ordinairement ; et comme il n'est pas sans danger, sur les arbres à fruits à noyau surtout, on tâche de l'éviter autant que possible. D'abord la suppression que l'on a faite du côté fort oblige la sève à se porter vers la partie faible, comme on l'a vu ; mais, n'y trouvant que des branches dont les tissus sont étroits et peu élastiques, elle les déchire, s'extravase par les plaies, s'y coagule et forme ce que l'on appelle la gomme. Le même inconvénient a lieu du côté fort, parce que les branches réservées étant taillées, comme on l'a vu, très court, le défaut d'yeux propres à recevoir la sève, qui arrive abondamment dans cette partie, fait qu'il s'y établit souvent des extravasations semblables, et que l'on ne répare que difficilement. Il arrive aussi que les yeux qui s'y trouvent se développent avec force, et forment des bourgeons assez vigoureux pour que leurs propres yeux développent à leur tour des faux bourgeons. Toutes les fois que les terres où les arbres se trouvent sont de nature douce et un peu fraîche, ces inconvéniens sont réparables, en leur donnant les moyens de s'accroître pendant les années suivantes ; mais si, au contraire, cette terre est de nature sèche et brûlante ou forte et humide à l'excès, il en est tout différemment ; il faut alors tâcher, comme je l'ai dit, d'obtenir un rameau vigoureux de l'une des branches placées sur la partie forte sans trop la mutiler.

Quelques auteurs ont indiqué, en pareil cas, des procédés tout différens; ils disent qu'un arbre dont un des côtés se disposerait à trop prévaloir sur l'autre, et dont on voudrait rétablir l'équilibre, devrait être taillé : 1° la partie forte *très long* et inclinée, afin de l'empêcher d'absorber la sève, et 2° la partie faible *très court*. Quant à l'inclinaison, ce moyen est incontestable ; mais le reste est contre tout bon succès, en voici la raison, on supprime les yeux sur la partie *la plus faible* et on les conserve sur *le côté fort* ; or, d'après les fonctions que nous attribuons aux yeux bien constitués, comme le sont ceux-ci, il est évident que *la partie faible* doit perdre et perd effectivement bientôt le peu de vigueur qui lui restait : il faut donc bien se pénétrer de ce principe, que plus on laisse d'yeux sur une branche ou sur une aile, plus on lui donne les moyens de s'accroître, toutes les fois pourtant qu'elle est jeune et non languissante.

§ II. Moyens de répartir également la sève dans les diverses parties des arbres taillés en pyramide.

Les moyens que l'on peut mettre en usage pour répartir uniformément la sève dans les arbres taillés en pyramide ont un peu de rapport avec ceux que je viens d'indiquer, puisqu'ils sont basés sur les mêmes principes.

Les arbres pyramidaux nous sont envoyés des pépinières sous le nom de quenouilles, parce qu'à cette époque ils en ont la forme ; ils sont le plus souvent munis de très forts rameaux, à leur partie supérieure, au détriment de celle inférieure ; la sève y est donc *mal répartie* et demande à être remise en équilibre.

On ne rencontre le plus souvent, dans la partie inférieure de l'arbre, que des dards plus ou moins longs et de faibles rameaux disposés à donner des fruits. Si l'art ne vient pas à son secours, il gardera infailliblement la forme de quenouille, qui ne peut lui convenir, en ce que les parties basses sont privées d'air et surtout de l'influence des pluies ou des rosées qui tombent perpendiculairement et sont arrêtées par les rameaux supérieurs. Il est donc essentiel de donner à ces arbres la forme d'une pyramide, cette forme étant beaucoup plus en rapport avec celle qui leur est naturelle. On sent que pour l'obtenir il est urgent d'avoir des branches latérales, vigoureuses dans toute la longueur de la tige, et que leur vigueur soit égale ; mais ce n'est qu'à l'aide de principes sagement raisonnés que l'on peut atteindre ce but.

Pour y parvenir, il faut retrancher toutes les branches ou rameaux latéraux de la partie supérieure, aussi près qu'il est possible de leur insertion sur la tige (1), en conservant seulement à quelques unes la partie qui les y attache, que nous appelons la *couronne* des branches, afin que de cette partie il puisse se développer quelques yeux cachés qui donneront naissance à des bourgeons, dont les soins du pincement et de l'ébourgeonnage doivent déterminer la quantité, la position et la vigueur.

Indépendamment des branches et rameaux dont je viens de recommander la suppression, le rameau qui se trouve à l'extrémité de cette pyramide, et qui est chargé de la prolonger, doit être taillé très court. Toutes ces opérations ont pour but de retenir la sève dans la partie inférieure, et de déterminer les faibles productions qui

(1) Voyez pl. VI, fig. 2.

s'y rencontrent à se développer en rameaux à bois, ce qui aura lieu si elles n'ont pas éprouvé d'avarie par l'arrachage et le transport ; enfin, on taille tous les rameaux qui sont destinés à former sans confusion les branches latérales, de manière à ce qu'ils présentent dans leur ensemble la forme d'un cône très aigu. Ce moyen suffit, comme je viens de le dire, pour ces sortes d'arbres ; mais s'ils sont dépouillés d'yeux et de dards dans les deux premiers tiers de leur longueur, et que toute la sève soit portée dans la partie supérieure, ces opérations doivent être encore plus sévères, et l'on se trouve même souvent contraint de réformer une partie de la tige, pour faire croître des bourgeons propres à former les branches latérales. Le reste des opérations étant tout à fait du ressort de la taille, nous y renvoyons nos lecteurs. Voilà ce que j'avais à dire sur le moyen de répartir la sève dans les quenouilles venues des pépinières.

Dans des arbres plus avancés en âge et fixés à demeure, il arrive souvent aussi qu'une des parties pousse avec beaucoup plus de vigueur que l'autre ; si nous supposons donc que ce soit la partie inférieure, et que l'on veuille en arrêter la vigueur, on aura soin de tailler très court en supprimant la presque totalité des rameaux à bois ; l'on va même jusqu'à pratiquer le rapprochement, ce qui diminue la longueur des branches charpentières de cette partie, et leur retire les moyens d'attirer une trop grande quantité de sève ; le peu de longueur qui leur reste doit, autant que possible, être chargé de branches à fruits, ou de rameaux disposés à s'y mettre.

Les gens peu familiarisés avec l'étude des végétaux pourront s'étonner de voir en même temps supprimer des rameaux à bois et conserver soigneusement des rameaux à fruits ; mais ceci ne paraît pas contradictoire lorsqu'on sait que les rameaux à fruits sont les seuls *épuisans* ; qu'ainsi, en les laissant, on fatigue l'arbre, tandis que les rameaux à bois servant à son développement, moins il y en a, moins l'arbre végète bien. Ces deux opérations, quoique contraires, ont donc le même résultat, celui de *charger*, c'est à dire fatiguer les branches auxquelles on les applique. La partie faible de cette pyramide, dans laquelle la sève circule difficilement, doit être *déchargée* de branches à fruits, et munie de rameaux à bois, auxquels on donne beaucoup d'extension et dont on peut même laisser quelques uns *entiers*, afin qu'ils attirent davantage de sève à leur profit ; on a aussi l'attention d'inciser les écorces des parties faibles, afin de lui donner un libre cours, et l'on va quelquefois jusqu'à faire des entailles plus ou moins profondes sur la tige, et au dessus de ces branches, afin de leur faire prendre plus de développement qu'elles n'en auraient pris sans cela. Pour les branches fortes, ces entailles se pratiquent à l'insertion même de la branche, ou au dessous. Dans le premier cas, on arrête la sève au dessus de la branche, afin qu'elle se l'approprie ; dans le second, on l'arrête au dessous, afin qu'elle n'y puisse pas parvenir.

Ces deux moyens ne s'emploient guère que sur des arbres préalablement mal dirigés, mais le succès en est presque assuré.

Section II. — *Conditions nécessaires à la perfection des arbres à fruits à noyau taillés en éventail.*

§ I. Influence du sol et du climat sur la végétation.

Quelques cultivateurs prétendent à tort qu'il faut

retrancher ou tailler très court les rameaux à bois, afin que la sève qu'ils absorberaient passe au profit des rameaux à fruits, qu'il faut tailler très long ; mais ce procédé, quoique mis en usage chez beaucoup d'excellens cultivateurs, doit plutôt être regardé comme une exception que comme une règle ; en effet, dans des localités favorisées et des terres dont la nature convient parfaitement à ces arbres, on le voit souvent réussir. Je prends en exemple mon père, dont les arbres faisaient l'admiration de beaucoup d'amateurs, et qui cependant l'employait constamment ; moi-même je l'ai souvent pratiqué dans de semblables localités et toujours avec le même succès ; mais accident n'est point loi, et des expériences positives m'ont convaincu que, dans des sols arides et brûlans, de semblables opérations ne pouvaient être que préjudiciables à la santé des arbres.

Dans ces terres, la végétation est très active et souvent impétueuse ; si donc on a supprimé la plus grande partie des rameaux à bois, ou si on les a taillés très court, comme il a été dit, la sève n'a plus d'issue que dans les rameaux à fruits, dont les vaisseaux ne sont propres qu'à en recevoir une petite quantité ; dès lors il y a surabondance de sève, qui souvent se coagule sous les écorces, les déchire et occasione la gomme, qui est un des plus grands fléaux que ces arbres aient à redouter.

Il est donc de la plus haute importance pour les cultivateurs de consulter avec attention la nature du sol qu'ils doivent exploiter, en ayant la plus grande attention à ce que les opérations soient moins rigides sur des terres brûlantes que sur celles de nature fraîche, où les écorces des arbres que l'on y fait croître se conservent

beaucoup plus souples, et propres à se dilater dans le cas
où la sève les y forcerait.

Caractères accidentels des rameaux. Parmi les rameaux,
on trouve souvent des caractères particuliers, qui sont
dus à la nature des terres dans lesquelles ils croissent.

Dans les terres profondes, légères et brûlantes, dont
nous avons parlé plus haut, ils ne ressemblent, pour ainsi
dire, pas à ceux des arbres qui croissent dans des terres
de bonne nature, un peu fortes et convenablement
humides ; et enfin dans toutes celles que le soleil pénètre
plus difficilement, la végétation est plus tardive et les
faux rameaux sont beaucoup moins nombreux que sur
des rameaux de même nature dans les sols arides.

A l'influence pour le nombre, vient encore se rattacher
l'avantage de la position ; dans les bons terrains, ils sont
presque toujours à l'extrémité des bourgeons (1). Ce
fait mérite quelques détails pour être bien compris et
me forcera à faire une petite digression. Quelques
auteurs, sans doute plus théoriciens que praticiens, ont
prétendu qu'en règle générale la chaleur atmosphérique
était le seul moteur de la végétation. Je ne puis accorder
à cet agent une influence aussi considérable (2). C'est
en prenant ces deux faits pour base que je vais tâcher

(1) Je dis presque toujours, parce que des accidens météoriques,
la piqûre d'un insecte, etc., suffisent pour faire développer des *faux
bourgeons* à la base *des bourgeons*, même dans un très bon sol.

(2) Ce que j'avance ici est parfaitement connu de tous les cultivateurs, et surtout des jardiniers qui, depuis un temps immémorial,
ont senti la nécessité des couches de chaleur, même à l'air libre.
Maintenant on les emploie même dans les serres, où cependant des
fourneaux soutiennent la température au degré nécessaire. Or, si la
chaleur aérienne suffisait, celle des couches serait donc inutile ?

d'expliquer le développement des faux bourgeons dans des positions différentes. Ainsi j'admets comme moteur, si ce n'est unique, au moins principal de la végétation, la chaleur, quelle qu'elle soit ; mais j'accorde à la terre la même propriété, celle de mettre la sève en mouvement, lorsqu'elle est suffisamment échauffée : toutefois, je reconnais que , sans le secours de la chaleur terrestre et atmosphérique, il n'y aurait pas de développement des parties, mais cependant la sève pourrait être en mouvement. Lorsque ces deux forces agissent simultanément, la végétation est active et la croissance rapide, pourvu que l'humidité soit dans des proportions convenables, ce qui a ordinairement lieu au printemps. Mais il est des cas où l'une d'elles domine ; or, ces cas sont de deux sortes et leurs effets sont essentiellement différens, selon que c'est l'une ou l'autre qui les a produits. Dans les terres froides, c'est à dire celles que nous appelons de bonne nature, où l'alumine domine un peu et qui, par cette raison, retiennent toujours une certaine quantité d'humidité et s'échauffent difficilement, la chaleur atmosphérique agit presque seule ; mais son action n'étant pas suffisamment secondée par la terre qui n'est que peu échauffée, la végétation est très lente, et pendant long-temps il monte à peine la quantité de sève nécessaire au développement des bourgeons. Il est vrai qu'à la longue cette terre s'échauffe ; mais l'humidité qu'elle contient facilitant l'élaboration de la sève, celle-ci est rarement en inaction et n'a pas ces mouvemens subits et impétueux que je ferai remarquer à l'égard des terres légères ; or, ce sont ces mouvemens brusques qui concourent le plus puissamment au développement des faux bourgeons. Il arrive cependant aussi une

époque où ces trois agens réunis, l'humidité, l'air et
la terre, agissent avec tant de force, que les bourgeons
ne peuvent plus employer à leur seul développement la
sève qui leur est envoyée, et c'est alors qu'il se forme
des faux bourgeons ; mais, comme à cette époque, qui est
très tardive, les bourgeons ont acquis une grande partie
de leur croissance, il n'y a de faux bourgeons qu'à
l'extrémité, et ils sont peu nombreux ; cette circonstance
est la plus avantageuse, pour l'application de la taille.
Je vais maintenant indiquer les circonstances désavanta-
geuses qui pour l'ordinaire ont lieu sur les sols légers
et brûlans dans lesquels le sable et la partie calcaire dominent. Ces terres s'échauffent promptement
et considérablement au printemps, et lors des premiers
jours de chaleur un peu douce, la sève se met en mouvement et les bourgeons se développent ; mais, comme
les variations de température sont très fréquentes à
cette époque, des refroidissemens subits de l'atmosphère
l'empêchant d'arriver aux parties herbacées, et la terre,
qui est échauffée, en envoyant toujours, elle parcourt
les parties ligneuses, sur lesquelles l'air a moins d'influence, et elle s'arrête à leur sommet, où elle s'amasse
comme dans un réservoir, en attendant qu'une élévation
de température lui permette d'en sortir. Quelquefois
cette circonstance est long-temps attendue, et il y a
une grande quantité de sève amassée lorsqu'elle se
présente ; alors son mouvement impétueux et simultané,
autant que sa quantité surabondante, fait développer
des faux bourgeons qui, comme je l'ai dit, sont à la
base des bourgeons. Telle est la première cause de leur
développement dans ces sortes de terres ; mais ce n'est
pas la seule. Lorsque l'air, au milieu de l'été, est extrê-

mement chaud et que l'atmosphère est privée d'humidité, le développement cesse encore, et la sève monte toujours, quoiqu'en moindre quantité ; mais, aussitôt que cette humidité reparaît, la végétation recommence (c'est ce que les cultivateurs nomment la sève d'août, la seconde sève, etc.), et les faux bourgeons se développent encore; il en est de même pour toutes les alternatives de pluie et de beau temps. Telle est mon opinion sur la formation des faux bourgeons ; et, bien que je sois certain que la plupart des cultivateurs et des savans la partagent et connaissent ces faits, le nombre de ceux qui sont de l'avis contraire me paraît assez considérable pour que j'aie cru nécessaire d'exposer, d'une manière détaillée et aussi précise qu'il m'a été possible, tous les faits qui pouvaient servir à éclaircir mes idées et appuyer mon opinion.

De toutes les conditions que je regarde comme nécessaires, celles qui dépendent de la nature du sol ne peuvent être reproduites au gré du cultivateur ; et, lorsqu'on est assez heureux pour posséder un terrain qui les renferme toutes, on doit regarder comme très possible d'obtenir, en taillant bien, des arbres qui aient une forme aussi régulière que celui que j'ai figuré *pl.* 3.

Mais, comme la régularité de cet arbre pourrait paraître extraordinaire, je crois utile de répéter que, si dans les sols brûlans et impropres dont j'ai parlé plus haut, on ne peut se promettre d'arriver à cette perfection, on peut au moins y parvenir dans les terres privilégiées que j'ai également signalées ci-dessus, surtout si elles sont placées dans un lieu où l'air circule librement, et avec de bonnes murailles crépies en plâtre, bien chaperonnées, et exposées au midi ou, mieux encore, au sud-est. Ces circonstances, quoiqu'agissant ici d'une manière prononcée, seraient nulles ou presque nulles dans les terres brûlantes, où la végétation ne se soutient qu'un instant ; mais cette forme étant celle que l'on doit le plus chercher à obtenir, j'ai cru utile de la présenter avec une partie des modifications heureuses que l'on peut éprouver.

Cet arbre nous offre des résultats de la sixième taille et un exemple de la septième : je n'en ai dessiné qu'une aile, pour éviter toute répétition inutile, ainsi que des frais de gravure ; au reste, l'analogie devant être parfaite entre les deux côtés, il m'a semblé que l'on en aurait une idée assez exacte par l'inspection de cette figure. Je ferai également observer que cet arbre est palissé sur une muraille qui a dix pieds d'élévation sous chaperon, hauteur vraiment convenable aux développemens des pêchers, plantés dans des terres de bonne nature. Il serait même très avantageux de pouvoir les élever davantage ; mais, au cas où l'on ne pourrait pas le faire, il faudrait avoir bien soin de prendre dix pieds pour *minimum*, quoique dans beaucoup de jardins on en trouve de neuf pieds et quelquefois moins. Cette hauteur a le grave inconvénient de nécessiter l'abaissement des mères-branches au dessous de l'angle de quarante-cinq degrés pour l'aile droite, que je prendrai pour type dorénavant, en me contentant de dire ici, une fois pour toutes, que l'aile gauche devant lui être parallèle, mais en sens inverse, formera nécessairement un angle, dont l'ouverture sera de quatre-vingt-dix degrés. Il est facile de concevoir que, quand les branches-mères sont plus rapprochées de terre, il est difficile d'établir de bonnes branches secondaires inférieures, tandis que

l'on est presque forcé d'en laisser croître de supérieures,
par le nombre et la force des rameaux qui se développent
sur cette partie et que l'on ne pourrait supprimer sans
craindre des extravasations considérables de sève, qui
occasioneraient infailliblement la gomme. Ces faits,
d'ailleurs, devant être traités avec plus de détail, en
parlant de la taille, j'y renvoie le lecteur ; et en traitant
cette matière je donnerai quelques notions sur la marche
progressive qu'il faut employer pour faire arriver les
mères-branches à l'angle où elles se trouvent dans ce
moment.

§ II. Des chaperons.

Pour le centre et le nord de la France et tous les pays
froids, si les chaperons ne sont point indispensables, ils
ont au moins une utilité manifeste. La plupart des bons
cultivateurs de pêchers en ont senti l'importance, et
déjà ceux de Montreuil, de Bagnolet, etc., les emploient avec succès ; mais, comme toutes les inventions
nouvelles, celle des chaperons n'étant pas encore perfectionnée, j'ai cru devoir entrer dans quelques détails
sur leur forme et leur largeur ; l'importance du sujet
et le peu de raisonnement que l'on a mis jusqu'à présent
dans leur exécution semblent le nécessiter.

Les avantages que présentent les chaperons sont : 1° de
préserver les arbres de la gelée, en en écartant l'humidité surabondante, occasionée par des pluies, des brouillards, etc., qui séjourne auprès des yeux et boutons,
s'y congèle et les fait avorter ; 2° de prévenir le déchirement des écorces, qui a lieu lors du retrait que le
froid, occasioné par cette eau gelée, leur fait éprouver ;
cet inconvénient, que l'on n'aperçoit qu'à peine lors-

qu'un printemps et un été sec viennent cautériser les plaies, à l'ascension de la sève, offre les symptômes les plus alarmans et souvent suivis de maladies graves et quelquefois incurables : quand l'humidité continue à être abondante à cette époque, la sève s'altère, les écorces se corrodent, et malheur aux arbres qui sont en cet état; les cultivateurs disent qu'ils ont *un vice dans la sève*, et c'est véritablement une espèce de gangrène dont les progrès sont aussi rapides que dans le règne animal et les résultats absolument semblables; 3° de retenir la sève au centre des individus et de les faire croître plus régulièrement : on sait généralement que c'est par l'influence des rayons solaires que les feuilles décomposent les fluides répandus dans l'atmosphère pour s'en approprier le carbone; on sait également que cette absorption contribue puissamment au développement des bourgeons; si donc on empêche certaines parties de l'opérer, leur végétation doit être plus faible, comparativement à celles qui en ont la liberté; d'un autre côté, les plantes cherchent la lumière, et les parties qui en sont privées croissent moins vigoureusement que les autres : tel est l'avantage des chaperons par rapport aux extrémités qui, comme on le sait, végètent ordinairement avec beaucoup plus de vigueur que les parties centrales et inférieures de l'arbre, et qui, par leur moyen, n'ont plus cet inconvénient; 4° enfin, l'abondance des produits et la beauté de l'arbre, qui résultent nécessairement des avantages que je viens d'énoncer.

Une utilité aussi véritable ne pouvait manquer d'appréciateurs, mais malheureusement une espèce de routine vint bientôt s'emparer d'eux, et, satisfaits des résultats qu'ils en obtenaient, ils ne cherchèrent pas à les perfectionner; ainsi, sans égard pour la hauteur des murs non plus que pour leur exposition, on les construisit à Montreuil uniformément et régulièrement de quatre pouces de largeur (environ 0^m—11), et l'on ne tarda pas à proclamer cet usage comme une règle invariable ; je suis loin de partager cette opinion, je crois au contraire que l'on ne peut rien établir de fixe à cet égard, et que les meilleurs sont ceux dont la largeur est la mieux combinée avec *la hauteur et l'exposition des murs*. Mais, comme cette seule définition serait trop vague pour fixer les idées, j'ai donné un tableau approximatif à l'aide duquel on pourra atteindre ce but.

Exposition de l'est ou levant.

Pour des murs de 12 pieds — 7 pouces.
Id. — de 11 pieds — 6
Id. — de 10 pieds — 5
Id. — de 9 pieds — 4

Exposition de l'ouest ou couchant.

Murs de 12 pieds — 9
Id. de 11 pieds — 8
Id. de 10 pieds — 7
Id. de 9 pieds — 6

On remarquera que, toutes choses égales d'ailleurs, je donne beaucoup plus de largeur aux chaperons placés sur des murs à l'ouest que sur ceux exposés à l'est, c'est parce que, les pluies nous arrivant de ce côté, il faut des abris plus grands ; dans les pays où elles viendraient du côté opposé, on ferait le contraire. J'ai également regardé comme inutile de donner les quatre expositions, parce qu'on expose très rarement des pêchers au nord, et que l'on saura bien prendre une dimension moyenne entre ces deux extrêmes, selon que l'on se rapprochera davantage de l'une ou de l'autre.

Je termine ici ce que j'avais à dire sur les chaperons, mais toutefois en en recommandant l'emploi à tous ceux qui voudront avoir de beaux pêchers.

§ III. Des auvents ou chaperons mobiles.

Quoique les auvents ne soient pas de nouvelle invention pour garantir, des intempéries de l'hiver et du printemps, les arbres fruitiers en espalier et notamment les pêchers, on peut dire, avec regret, qu'ils ne sont pas assez répandus, puisqu'on n'en voit que dans quelques jardins; cependant c'est le moyen le plus sûr d'avoir d'abondantes récoltes. Décombles, dans son *Traité de la culture du pêcher,* en attribue l'invention à un ancien mousquetaire de Louis XV, qui possédait à Bagnolet des plantations remarquables, et dont il tirait un grand produit, surtout dans des années de disette. On rapporte, à cette occasion, que dans une fête donnée par la ville de Paris, à l'époque des pêches, il se trouva seul en état d'en fournir, et il lui en fut acheté trois mille, à raison d'un écu la pièce. C'est une imitation du procédé de ce cultivateur, que les habitans de Montreuil ont mis en pratique. Il avait fait sceller, tout le long de ses murs, à un pouce au dessous des chaperons, et de toise en toise, des morceaux de bois de deux pieds ou environ de saillie, sur lesquels il faisait poser des planches pendant la saison rigoureuse. Cette méthode serait encore préférable à toute autre; mais il faudrait donner aux morceaux de bois soutenant l'auvent une inclinaison favorable à l'écoulement des eaux, et non les sceller hori-

zontalement dans le mur, comme on le voit dans plusieurs jardins. Décombles, en imitant le procédé de Girar-
dot, l'avait modifié de la manière suivante. «Au lieu,
» dit-il, de ces morceaux de bois scellés à demeure dans
» les murs, qui font un vilain effet à la vue pendant
» l'été, j'ai fait faire des petites potences, composées de
» trois morceaux de bois, dont le dessus va un peu
» en talus, pour faciliter l'écoulement des eaux de la
» couverture qu'elle porte, elles s'attachent avec des
» osiers à la dernière maille du treillage, de six pieds
» en six pieds, et au lieu des planches, j'ai fait à l'imi-
» tation des habitans de Montreuil, des petits paillassons
» de deux pieds environ de largeur sur onze de lon-
» gueur, et maintenus par deux doubles lattes opposées,
» que j'ai soin de fixer avec du fil de fer plutôt qu'avec
» toute autre substance; au mois de février, je pose
» mes paillassons sur ces potences, et je les y arrête
» avec des osiers ; ils demeurent en cet état jusqu'au
» mois de mai que je fais tout délier et reporter dans
» ma serre. » On voit que, pour adopter la méthode de
Décombles, il faut que les murs soient garnis d'un treillage ; comme il n'en est pas toujours ainsi, il suffit que
le montant de la potence soit percé de deux trous au
moins, pour être fixé avec deux clous sur les murs qui
en seront dépourvus. C'est sur l'exposition autant que
sur la hauteur des murs qu'il convient de déterminer
la largeur de l'auvent; on peut prendre, pour terme
moyen, les dimensions suivantes : quatorze pouces pour
des murs de neuf pieds d'élévation, exposés au midi
ou dérivant un peu vers l'est ou l'ouest, dix-huit pouces
pour ceux tournés à l'ouest : si les murs avaient moins
d'élévation, on peut diminuer la largeur de l'auvent

dans la proportion d'un pouce par pied; si, au contraire, leur hauteur était plus considérable, cette largeur devrait être augmentée de deux pouces par pied.

L'effet de ces auvents, que l'on doit placer par préférence en janvier, avant qu'aucune végétation ne se soit fait remarquer, et que l'on retire lorsque les plus forts bourgeons ont acquis quatre à six pouces de longueur, est beaucoup plus important qu'il ne le semble d'abord: ils s'opposent principalement au rayonnement, en cachant aux arbres l'aspect direct du ciel, ils les préservent d'une humidité surabondante en interceptant les pluies et les brouillards, et les rendent, par cela, moins sensibles à la gelée, bien plus à craindre pour les végétaux mouillés, que pour ceux qui sont secs ; enfin, lors de l'apparition des feuilles, ils s'opposent au développement excessif que tendent toujours à prendre les parties les plus élevées d'un arbre, et maintiennent la sève dans les parties inférieures ; c'est pour cela que je les emploie pour équilibrer la sève. (Voyez *Équilibre de végétation*, page 28 et suiv.)

Mes propres expériences m'ont fait remarquer que, pour des jeunes arbres, il est important de fixer les auvents à quatre ou six pouces seulement au dessus de l'endroit où se terminent les plus forts rameaux, de manière qu'après les avoir taillés, il s'y trouve un espace de dix-huit à vingt pouces : plus élevés, ils remplissent mal leur but ; plus bas, ils exposent les jeunes pousses à manquer d'air, ce qui les fait étioler.

§ IV. Des couvertures.

Parmi les divers matériaux employés à la couverture des arbres à fruits à noyau cultivés le long des murs

en espalier, les paillassons jouent un très grand rôle;
on les fabrique, pour cet usage, de peu d'épaisseur, puis
on devance de quelque temps l'époque de la fleuraison
des arbres que l'on veut conserver, pour les fixer à la
hauteur voulue par le besoin ; on les tient roulés à ce
point, au moyen d'une fiche en bois de 6 à 8 pouces,
enfoncée à travers ce paillasson ; à cette fiche est joint
un bout de ficelle de deux pieds ou environ, dont l'autre
extrémité est fixée à la muraille au moyen d'un clou ou
maille du treillage; quand ils en sont garnis, lorsque le
besoin de couvrir se fait sentir, on se sert d'une perche
dont l'une des extrémités est traversée par un fort clou
dont la pointe serve à faire échapper la cheville qui tient
le paillasson , et bientôt il se trouve étendu à la place
qui lui a été désignée à l'avance. Ce travail ne demande
que quelques minutes pour en détacher un assez grand
nombre; la difficulté est de les relever, ce qui doit avoir
lieu toutefois que le thermomètre est au dessus de 0.
On a tenté divers petits moyens mécaniques qui tous ont
échoué, ce qui a contraint, jusqu'à ce jour, de faire ce
travail à la main ; quoique ce mode de couverture soit
assez bon, il n'est pas sans faire éprouver quelques petits
désagrémens par la perte des fleurs occasionée par le
vacillement que les vents font éprouver aux paillassons ;
les propriétaires qui ne craignent pas trop les dépenses
se servent de toile claire (1) fixée à des perches distancées

(1) Pour rendre ces toiles plus durables, on aura le soin de les
tremper pendant vingt-quatre heures dans une lessive de tan ; après
quoi on les retire sans les tordre, pour les faire sécher. Ce travail doit
se répéter toutes les années. Cette lessive doit être composée d'une
mesure de tan sur huit d'eau, lesquelles auront bouilli pendant
une heure, et auront été macérées quelques jours.

entre elles de 3 à 4 pieds , placées sur une ligne à un
ou deux pieds du mur, et inclinées de manière à ce que
leur extrémité puisse être fixée sous le chaperon. Ces
toiles restent à demeure jusqu'à ce que les froids soient
dissipés; ce moyen est un des plus sûrs, mais aussi des plus
dispendieux; pour obvier à cet inconvénient, on se sert
de branches d'arbre garnies de leurs feuilles, ce qui doit
être prévenu lors du mois d'août ou septembre. A cette
époque, on choisit les essences d'arbres dont les feuilles
sont les plus tenaces, ce qui a lieu parmi les diverses
variétés de chênes, hêtres et charmes, et la plus grande
partie des arbres verts , résineux ; on fait provision
de ces branches, que l'on coupe à des longueurs
fixées par le besoin; ces branches devront être mises
en presses dans un endroit bien aéré et garanti des
pluies; on aura soin de les visiter jusqu'à leur parfaite
dessiccation, afin d'empêcher toute fermentation, ce qui
ferait tomber les feuilles; cette opération a pour but de
les aplatir de manière à en former des espèces de palmettes, ce qui en facilite la pose lorsque les murs sont
garnis de treillage; ce placement est on ne peut plus
simple, en ce qu'il suffit de les présenter en sens inverses,
et interposer leur gros bout entre lui et le mur; ce mode
de placement a pour but d'éloigner l'humidité. Lorsque
ces treillages n'existent pas, il est essentiel que ces branches soient beaucoup plus longues et aiguisées par leur
gros bout, pour être enfoncées à peu de distance du mur;
ces divers moyens sont très bons à employer dans le
nord et l'ouest de la France et les pays analogues.

§ V. De la couleur et de l'entretien des murs.

Le blanc pur et brillant du plâtre nouvellement
employé est la couleur la plus favorable à la végétation du pêcher. Les habitans de Montreuil font souvent récrépir leurs murs pour boucher les trous que
les clous y font chaque année, et qui servent d'asile
à des myriades d'insectes qui s'y réfugient dans la
mauvaise saison ; mais un des plus grands avantages
qu'ils en retirent et dont quelques uns se doutent à
peine , est la couleur blanche qu'ils y entretiennent ,
et qui, comme nous allons le voir , est aussi nuisible
aux insectes qu'utile aux végétaux. Des expériences
positives et multipliées ont prouvé que les surfaces bril-
lantes réfléchissaient davantage et absorbaient moins
la chaleur que les surfaces ternes ; il a également
été démontré que cette loi d'absorption et de ré-
flexion était en raison directe de l'intensité de la
couleur ; ainsi une surface blanche et polie, par exemple , absorbera cent rayons de calorique dont elle
émettra quatre-vingts, tandis qu'une autre de couleur
noire et terne en absorbera deux cents et n'en réflé-
chira que cent ; on conçoit que celle-ci, ayant conservé
cent rayons contre l'autre vingt, doit être beaucoup plus
échauffée ; or, il s'agit maintenant d'examiner comment
chacune de ces deux circonstances peut être utile ou
nuisible aux arbres.

1°. Les insectes sont ordinairement de couleur brune,
et ils se logent de préférence dans cette couleur pour se
dérober aux regards ; 2° ils aiment la chaleur et la cherchent ; 3° leurs œufs en ont besoin pour éclore, et par
cette raison réussissent bien mieux sur du noir que sur

du blanc; il est donc évident qu'il doit y avoir beaucoup plus d'insectes sur des murailles de couleur brune que sur les blanches. Il restait à savoir quel était leur effet sur la végétation, et les expériences du savant professeur Thouïn, que je ne me permettrai pas de détailler, ont prouvé d'une manière incontestable que le blanc était la seule couleur qui convînt aux pêchers, et que la chaleur excessive des murailles noires ne pouvait que leur être nuisible.

Telles sont les connaissances théoriques utiles aux praticiens; je vais maintenant en faire l'application aux diverses opérations qui font l'objet de la seconde partie.

DEUXIÈME PARTIE.

CONNAISSANCES PRATIQUES.

CHAPITRE PREMIER.

OPÉRATIONS PRÉPARATOIRES.

§ I. De l'éborgnage.

D'après l'ordre que j'ai suivi dans la première partie, c'est ici que j'aurais dû démontrer cette opération ; mais, comme elle se fait au moment même de la taille, je n'ai pas cru devoir l'en séparer, et j'y renvoie le lecteur.

§ II. Du pincement.

Du pincement sur les arbres à fruits à noyau taillés en éventail. Le pincement est une opération estivale qui a pour but de modérer la vigueur des bourgeons opérés, d'en arrêter le développement et de faire passer l'excédant de leur sève au bénéfice de ceux qui resteront entiers, ce qui leur fait prendre de la force et les rend plus propres à remplir les diverses fonctions qui leur sont assignées lors des opérations de la taille ; j'ai quelquefois pincé des bourgeons pour les faire bifurquer, ce qui peut devenir utile toutefois que le besoin s'en fera sentir par le mauvais résultat de celle que l'on aurait préparée par la taille ; dans ce cas, il faudrait opérer lorsque le bourgeon aura six pouces ou environ, en le réduisant à quatre ; si de cette partie il sort plus de bourgeons que le nombre indique, il faudra en réformer l'excédant aussitôt leur apparition ; ainsi, à cette exception près, je le répète, tous les bourgeons nécessaires à l'organisation des arbres, mais dont le trop grand développement pourrait être nuisible, doivent être pincés sans égard pour leur position, leur longueur et leur nature ; mais, pour le succès complet d'une grande partie d'entre eux, il faut opérer lorsqu'ils ont de trois à six pouces de longueur environ, et qu'aucune de leurs parties n'est encore ligneuse. A cette époque, on coupera avec les ongles du pouce et de l'index la partie du bourgeon que l'on veut supprimer, en ne conservant qu'un pouce ou un pouce et demi de sa longueur ; si par surprise ou manque de temps, ce bourgeon avait pris un grand développement, et que sa partie basse ait pris une consistance ligneuse, il faudrait se servir de la serpette et couper plus court ; malgré cette précaution, l'opération serait beaucoup moins fructueuse que si elle avait été faite à temps (1).

On devra épier les résultats de cette première opération, afin que, s'il venait à se former quelques nouveaux

____

(1) On ne peut fixer l'époque où l'on doit faire cette opération, puisqu'elle est relative à la végétation des bourgeons, qui est elle-même très variable.

bourgeons trop vigoureux sur cette partie, on pût les opérer de même ; et il est fort rare que l'on soit obligé de recommencer une troisième fois.

Ces opérations donneront, lors de la taille, l'avantage d'avoir beaucoup de petits rameaux à fruits du premier et du second ordre. Voyez le résultat de ces opérations, *pl.* III, n°s 22, 23, etc.

Il est aussi beaucoup de bourgeons moins vigoureux que ceux dont je viens de parler, que l'on laisse entiers jusqu'à ce qu'ils aient quinze ou vingt pouces de longueur environ, et qui, arrivés à ce période, devront être pincés, afin de diminuer leur vigueur et de faire passer la sève au profit des yeux qu'ils portent ; mais il faut prendre garde de ne pas les faire développer en faux bourgeons, et, pour éviter cet inconvénient, on ne doit en retrancher que la partie herbacée.

C'est plus particulièrement sur les parties supérieures que le pincement peut être employé avec avantage, il l'est plus rarement sur les parties inférieures ; cependant on l'y opère quelquefois, mais c'est pour une autre cause, que je vais indiquer.

Quand les branches à fruits placées sur les coursonnes de la partie inférieure donnent des bourgeons peu propres au développement de ces dernières, ou nuisibles à ceux destinés au remplacement, on doit les pincer, mais encore avec moins de rigidité que ceux dont je viens de parler ; il suffit de couper leur extrémité pour que la plus grande partie de leur sève les abandonne et passe dans ceux qui sont restés entiers ; par ce moyen on évite la confusion dans les branches sans nuire à leur développement ; la taille en vert et l'ébourgeonnage font le reste.

Du pincement des faux bourgeons. La plus grande partie d'entre eux doivent être pincés, lorsqu'ils ont quatre à six pouces de long, un peu au dessus de la troisième feuille, dont les deux premières sont ordinairement opposées. Cette opération concentre la sève dans la partie conservée, assure l'existence des yeux qui s'y rencontrent et leur fait quelquefois prendre un volume très considérable lorsqu'il ne se forme pas de rameaux à fruits du premier ordre. Si des occupations ou toute autre cause ne permettaient pas de faire ces opérations à temps, et que les bourgeons aient acquis douze à quinze pouces au plus, on devra, lors de l'ébourgeonnage ou des divers palissages, réformer tous ceux qui seraient inutiles, et qui pourraient former de la confusion (1) ; les autres seront pincés par leur extrémité seulement, à moins qu'ils ne soient destinés à un usage particulier, comme je vais l'indiquer.

Quoique ce soit une règle générale de pincer les faux bourgeons réservés, il est quelquefois prudent d'en conserver quelques uns entiers, afin, d'une part, d'amuser la sève, et de l'autre de se procurer des ressources pour le remplacement des bourgeons principaux, dans le cas où tous leurs yeux auraient développé des faux bourgeons ; car cette circonstance les rend souvent impropres à continuer les branches, fonction à laquelle ils ont été destinés primitivement; et l'on est fort heureux alors d'avoir eu la précaution de conserver quelques faux bourgeons pour y subvenir. Leur position n'est pas in-

---

(1) Ces faux bourgeons devront être coupés avec une serpette, et non arrachés, comme on le fait trop généralement, en ce que cette opération détruit souvent la feuille qui est à leur base, ce qui est un inconvénient grave.

différente; elle doit être en raison du parti que l'on en veut tirer ; s'ils sont destinés à remplacer le bourgeon principal, on doit choisir un des plus près de la base, des plus vigoureux , et placé en avant du bourgeon auquel il appartient, sur lequel on le fixe au moyen d'une petite bride, et que l'on protège pendant toute la montée de la sève, afin qu'il puisse prendre du volume et devenir propre au but proposé. Si, malgré ces précautions, il restait maigre et chétif, lors de la taille il faudrait se servir du rameau principal quel qu'il fût, dans la crainte de donner à la sève une trop forte commotion. Quant aux faux bourgeons destinés à amuser la sève pour empêcher qu'il ne s'en développe d'autres , ils doivent être de préférence en dessous ; cette position permet de les utiliser, si besoin est, lors de la taille, en cherchant à leur faire produire une grande quantité de fruits, ce qui arrive en les taillant long.

Du pincement sur les abricotiers. Les règles de ce pincement sont les mêmes que pour le pêcher. Les branches coursonnes exigent seules des opérations un peu différentes; en effet, on doit seulement pincer à environ deux pouces de leur naissance tous les bourgeons développés par elles et qui paraîtraient disposés à prendre un accroissement plus considérable que celui qui leur est nécessaire. On voit combien ce pincement est moins assujettissant que celui du pêcher. Celui du prunier est tout à fait semblable.

Du pincement sur les arbres à fruits à pepins taillés en éventail. Les règles de ce pincement sont les mêmes que celles que nous venons d'étudier, et les résultats doivent en être identiques, c'est à dire que l'on doit obtenir quelques petits rameaux à bois et un plus grand nombre de brindilles et de dards, dont nous avons vu l'importance lorsque j'ai indiqué l'emploi de chaque branche.

Il est de la plus grande nécessité de pincer les bourgeons, placés sur les branches à fruits, dès leur naissance. Sans cette opération, ils feraient développer beaucoup d'entre elles et pourraient les convertir en branches à bois, ce que l'on voit trop souvent arriver par la négligence ou le manque de temps des cultivateurs. Lorsque ces bourgeons ont pris le caractère de rameaux, on peut, à la vérité, les supprimer en les cassant à un pouce (tout au plus) de leur base, mais il vaut toujours mieux éviter cette opération, quand faire se peut.

Du pincement sur les arbres en pyramide. Ce pincement ne diffère en rien de celui que nous avons indiqué pour les arbres en éventail ; c'est à dire que tous les bourgeons de trois à six pouces, dont on redoute le développement, doivent être pincés. Ils sont presque exclusivement placés vers l'extrémité de la branche qui doit continuer la flèche et celle des branches latérales.

Nous allons maintenant examiner chacune de ces branches en particulier.

La première qui doive fixer notre attention est celle qui doit continuer la flèche ou tige.

Avant de pincer aucun de ses bourgeons, il faut en examiner l'ensemble, et voir si la sève y est bien répartie, ce qui arrive rarement, parce que, comme nous l'avons vu, elle se porte souvent vers l'extrémité aux dépens des parties inférieures. C'est donc au pincement à la répartir d'une manière uniforme.

Ceci examiné, si le bourgeon terminal n'a éprouvé aucune avarie jusque-là, on le conserve intact, pour continuer cette flèche. Si, au contraire, on le trouve incapable de remplir ce but, on choisit, parmi les bourgeons latéraux, celui qui y paraît le plus propre pour le conserver entier, et l'on a soin de pincer tous ceux de son voisinage, afin d'éviter les inconvéniens que l'on remarque *pl. V, fig.* 9, aux lettres *A. B. C.* Ce pincement devra se faire d'autant plus près de leur naissance, qu'ils seront plus rapprochés de lui. (Voy. *même pl., fig.* 10.) Cette opération est encore plus importante, lorsque ceux-ci semblent nuire aux bourgeons de la même série placés à la base de l'arbre ; car il est surtout important de faire prendre de l'accroissement à ces derniers, qui pèchent presque toujours par le défaut contraire, et que, par cette raison, il faut conserver entiers autant que possible. (Voy. *pl. V, fig.* 10.) Si ces opérations ne leur font pas prendre le développement nécessaire, ce qui est rare, il faut pincer un peu l'extrémité du bourgeon terminal lui-même, et si, dans le nombre de ceux préalablement pincés, il s'en est développé de nouveaux, il faut les opérer une seconde fois, avec autant de sévérité que la première.

Passons maintenant aux branches latérales. Lorsque quelques unes prennent trop de développement, il faut non seulement en pincer tous les bourgeons latéraux, mais même le terminal, et quelquefois le supprimer entièrement. Mais, dans ce cas, il sera prudent de pourvoir à son remplacement par un des bourgeons latéraux faibles, que l'on redressera par une petite bride de jonc, ou tout autre corps flexible que l'on aura à sa disposition.

Pour les branches dont la végétation est modérée et ne domine pas trop celle des autres (ce qui doit former la majeure partie des arbres bien taillés), les opérations sont fort simples ; il suffit, pour la plupart, de pincer un ou deux des bourgeons latéraux placés en dessus de chacune, et dans le voisinage du terminal, afin d'assurer son développement(1), et mettre à fruit beaucoup de ceux qui ont été pincés ; en effet, par ce moyen, à l'époque de la taille, beaucoup portent un ou plusieurs petits dards. (Voy. *pl. VI, fig. I*, lettres ***B. C. D.***) Cette opération assure donc le développement des bourgeons destinés au prolongement des branches, tandis que, si elle était négligée, chacune de ces branches aurait pu devenir semblable à celle qui est représentée à la lettre **A**, même figure et même planche. Dans cette forme de taille, on peut se dispenser de pincer les bourgeons qui se seraient accrus sur les branches à fruit.

Je termine ici l'article du pincement, et nous allons maintenant nous occuper des opérations d'été qui le suivent.

§ III. De la taille en vert.

Cette taille, qui est le contrôle de celle d'hiver, est connue de beaucoup de personnes sous le nom de taille de mai. Elle est spécialement appliquée aux branches à fruits du pêcher ; cependant nous verrons plus loin qu'elle ne doit pas non plus être négligée pour celles qui composent la charpente de ces mêmes arbres.

---

(1) Si sa mauvaise constitution ôtait cet espoir, on préparerait de bonne heure un des bourgeons latéraux vigoureux pour le rempl cer.

Lorsque les *branches à fruit*, ou propres à le devenir, placées sur les branches coursonnes, n'ont pas réussi, c'est à dire lorsque leurs fleurs n'ont pas noué, il est convenable de les rapprocher sur un ou deux bourgeons, les plus voisins de la coursonne ; on a recours à ce moyen toutes les fois que la branche est dépourvue de forts bourgeons à sa base. Dans tous les cas, il sera bon de prendre en considéra tion ce que je vais indiquer : 1° l'influence que les bourgeons peuvent exercer sur la végétation, puisque, comme je l'ai dit, ce sont autant de pompes propres à attirer la sève; 2° la position des branches sur lesquelles on opère, leur constitution, leur vigueur, et enfin, l'emploi qu'on en veut faire.

Quelques auteurs conseillent de rapprocher indistinctement toutes ces branches ; pour moi, je n'admets cette opération que sur une partie; car si l'on rapproche une branche faible, sur un ou deux bourgeons d'une constitution relative dans l'espoir de la faire développer, ces bourgeons ne pourront attirer dans cette partie une aussi grande quantité de sève que s'il en était resté un plus grand nombre(1), et dès lors on court risque de manquer son but. Pour arriver plus sûrement à de bons résultats, je conseillerai de différer au moins jusqu'à ce que la plus grande partie des bourgeons soient devenus rameaux; cependant, si, quand on visite ces branches, il se trouve à leur base un ou deux bourgeons déjà bien développés,

(1) Ceci n'est point une anomalie, c'est le même principe que pour la taille d'hiver; en effet, dans l'une et l'autre opération, toute branche en bonne santé non chargée de fruits, à laquelle on laisse peu de bourgeons, prendra moins de développement que si on lui en laisse davantage.

et qui en assurent le développement, on peut supprimer le reste de cette branche, et l'on aura plus de facilité pour placer les bourgeons réservés; quant aux branches qui auraient conservé leurs fruits, on ne pourrait leur faire cette opération qu'après la cueillette; elle est même souvent différée jusqu'à la taille d'hiver, mais ce n'est pas sans inconvénient.

Lorsque ces branches sont placées en dessus, et qu'elles ont une grande vigueur, comme il arrive très souvent, à moins qu'elles ne soient destinées à former une branche secondaire ou intermédiaire, cas où il faudrait les laisser entières; autrement, il sera bon de les rapprocher le plus tôt possible sur un ou deux des bourgeons placés à leur base, en tâchant qu'ils soient faibles; et, s'il ne s'en trouvait que de trop vigoureux, il faudrait en pincer l'extrémité herbacée immédiatement après le rapprochement.

Tout ce que je viens de dire étant également applicable aux branches de la charpente, je ne le répéterai plus; au reste, lorsque ces branches ont été bien taillées, la taille en vert leur est inutile, à moins que la gomme ou quelque autre accident n'ait avarié ou détruit les bourgeons destinés à leur prolongement ou à la création de quelque autre branche; il faut alors rapprocher sur ceux qui paraîtraient les plus propres à les remplacer.

§ IV. De l'ébourgeonnage.

De l'ébourgeonnage des arbres à fruits à noyau. Sur ces arbres, l'ébourgeonnage est plus spécialement appliqué aux branches qui doivent former la charpente; car les branches coursonnes et à fruits, qui, comme nous l'avons vu, ont reçu le pincement et la taille en vert,

n'ont pas, le plus souvent, besoin d'être ébourgeon-
nées.

On nomme ébourgeonnage la suppression de tous *les
bourgeons* inutiles ou nuisibles ; cette suppression a pour
but de donner à ceux que l'on réserve un espace suffisant
pour que l'on puisse les palisser sans confusion.

Pour bien ébourgeonner, il faut se rappeler les règles
du pincement ; c'est à dire que *les branches prendront
un développement d'autant plus considérable, qu'elles
porteront un plus grand nombre de bourgeons ; puisque,
les bourgeons étant les organes de la végétation, la sève
n'afflue dans les branches qu'autant qu'elles en sont plus
chargées.*

Quoique ce soit une règle générale de *retrancher tous
les bourgeons placés devant et derrière,* il est cependant
des cas où l'on est forcé de les utiliser pour remplacer
ceux des côtés qui auraient été détruits par un accident
quelconque. C'est toujours à ceux de derrière que l'on
doit, dans ce cas, donner la préférence ; mais à leur
défaut, il vaudrait encore mieux en prendre un devant
que de laisser un vide ; je crois cette méthode préférable
à l'écussonnage, que d'excellens auteurs modernes ont
recommandé, mais qui me paraît plus théorique que
pratique. Les cultivateurs intelligens n'emploient jamais
ce moyen pour obtenir les bourgeons qui leur sont nécessaires.

Une autre règle presque (1) générale, qu'il ne faut pas
non plus oublier, est de ne jamais laisser deux ou trois

---

(1) Je dis presque, en ce qu'il faudrait sortir de ce principe
dans le cas où une bifurcation proposée aurait manqué, et qu'il n'y
eût d'autre moyen de la réparer qu'en conservant deux bourgeons
sortis du même œil.

bourgeons partant du même point (ce que l'on voit toutes les fois que des yeux doubles ou triples se sont tous développés à bois); il faut toutefois bien examiner auquel appartient la préférence, et voici, généralement parlant, quel doit être ce choix : *Si ces bourgeons sont en dessus,* ce doit être *le plus faible;* et si, au contraire, *ils sont en dessous,* ce doit être *le plus fort.* C'est surtout pour ces derniers qu'il est important d'opérer à temps ; trop tôt, la cloque et les insectes, qui sont très communs à cette époque, pourraient détruire le bourgeon réservé et faire regretter la suppression des deux autres. Ceci peut également arriver à un bourgeon placé dessus ; mais sur cette partie sa faiblesse ne peut qu'être utile aux progrès des arbres. Ce principe devra être observé dans un sens opposé pour les bourgeons placés en dessous ; et comme on n'obtient de belle végétation dans cette partie qu'avec de très grandes précautions, l'ébourgeonnage devra aussi être plus sagement combiné ; si les bourgeons doubles et triples y sont ébourgeonnés trop tard, la sève ayant été employée pendant trop long-temps à la nutrition de ceux qui doivent être réformés, il ne lui reste plus assez de force pour développer le bourgeon réservé ; et de cet état de langueur ou de faible végétation, il résulte infailliblement quelque maladie. J'ai remarqué que, dans des situations assez heureuses, il vaut mieux se hâter un peu et courir les chances, qui, si elles sont sont bonnes, rendront l'opération excellente.

Le moment le plus favorable à l'ébourgeonnement est l'approche d'un beau temps, parce qu'alors on ne craint pas l'humidité, dont l'action sur les plaies serait très nuisible à l'arbre ; d'un autre côté, la sève, qui est toujours plus abondante et plus active pendant les pluies du printemps et de l'été, ne manquerait pas de déchirer les écorces et de former de la gomme. Cependant, si l'on ébourgeonnait par un temps trop sec, surtout des arbres peu vigoureux et plantés dans un mauvais terrain, j'engagerais, comme le recommande M. le comte Lelieur, dans son excellent ouvrage sur la taille du pêcher et de la vigne, à mouiller les feuilles avec une pompe à main ; cette humidité momentanée ne peut qu'être favorable à la végétation.

La nature du terrain et des individus modifie tellement l'époque de l'ébourgeonnage, que l'on doit dire pour lui, comme pour toutes les opérations d'été, que c'est beaucoup moins le mois ou le jour qui doit servir de règle que l'état de la végétation. Or, il ne faut pas conclure de ceci que, quand les bourgeons d'un arbre auront acquis une longueur donnée, on doive les ébourgeonner ; il arrive souvent que sur deux individus plantés dans le même terrain, quelquefois même sur les branches d'un même arbre, il faut retrancher les bourgeons lorsqu'ils n'ont que quatre à six pouces, tandis que d'autres de deux pieds et plus de longueur sont à peine en état de l'être ; la vigueur des arbres et des branches, soit générale, soit relative, leur position, le terrain, l'exposition, et généralement toutes les causes qui influent directement ou indirectement sur la végétation, apportent des modifications plus ou moins essentielles à l'époque et au mode de l'ébourgeonnage. On ne saurait donc trop recommander l'étude si simple de ces causes et des lois de la végétation, non plus que se lasser de répéter tout ce qui y a rapport. Je vais tâcher de donner quelques exemples qui éclaircissent mon idée et en facilitent l'intelligence.

Quand les arbres sont peu vigoureux, chargés ou non de fruits, on doit retrancher les bourgeons lorsque les plus forts ont à peine acquis de quatre à six pouces de long, afin de perdre le moins de sève possible ; car ces arbres en ont grand besoin, tant pour la nourriture de leurs fruits, que pour la reproduction de rameaux un peu vigoureux pour l'année suivante. Le peu de temps qu'ont ordinairement les jardiniers à cette époque leur fait souvent négliger cette opération, mais c'est toujours au détriment des arbres, lorsqu'ils sont en cet état ; car, comme le disent les physiologistes, les feuilles étant les poumons des végétaux, la suppression d'un grand nombre, sur des individus où leur remplacement ne peut s'opérer promptement, est toujours préjudiciable et occasione souvent l'épuisement des individus (1).

Quand les arbres sont vigoureux, mais chargés de fruits, l'ébourgeonnage doit être fait lorsque les plus forts bourgeons ont douze à quinze pouces de long. Il vaudrait peut-être mieux qu'on le fît plus tôt, afin de porter la sève au profit des fruits et éviter la confusion qui nuit à leur développement, leur ôte l'air qui leur est nécessaire et occasione souvent une humidité surabondante qui attaque la base de beaucoup de bourgeons, et en fait tomber les feuilles avant leur époque naturelle : or, puisque les feuilles sont indispensables à la bonne constitution des yeux, il est évident que ceux de cette partie sont imparfaits et souvent annulés au moment de la taille, inconvénient d'autant plus grave, que c'est

(1) Plusieurs expériences ont prouvé que le nombre et la vigueur des racines dépendaient de la quantité des feuilles.

sur eux que l'on doit compter pour la production des fruits et de nouveaux bourgeons l'année suivante. Quand les arbres sont plantés dans un terrain calcaire ou très siliceux, enfin dans un terrain léger, susceptible de s'échauffer beaucoup et rapidement au printemps, leur végétation, trop active alors (1), et leur sève trop abondante, occasioneraient la sortie d'une grande quantité de faux bourgeons, et le déchirement des écorces à plusieurs places par où elle chercherait à s'échapper ; or, nous avons vu qu'il se formait presque toujours de la gomme sur les parties ainsi lacérées ; il est donc nécessaire, dans ce cas, malgré tous les inconvéniens que j'ai signalés tout à l'heure, de retarder un peu la suppression des bourgeons, et si, dans ces terrains, des arbres très vigoureux étaient privés de fruits, il ne faudrait retrancher les bourgeons que quand les plus forts auraient deux et trois pieds de long. Dans les sols frais ou même froids, la végétation plus soutenue et moins fougueuse permet d'opérer beaucoup plus tôt sans faire craindre ces inconvéniens.

De l'ébourgeonnage des arbres à fruit à pepins taillés en éventail. De même que pour les arbres à fruit à noyau, le plus grand talent de l'opérateur consiste à saisir le moment favorable. Comme on a sur ceux-ci beaucoup plus de facilité d'obtenir du bois, la plupart des cultiva-

---

(1) Quelques physiciens regardent la dilatation de l'air comme le seul moteur de la végétation, et n'ont pas craint d'avancer qu'à température égale tous les individus d'une même espèce devaient entrer en végétation en même temps, et pousser également, quel que soit le terrain où ils sont plantés. S'il est des praticiens qui croient à la première de ces hypothèses, il n'en est probablement pas qui ne regardent la seconde comme erronée.

teurs, soit habitude, soit manque de temps, le font beaucoup trop tard ; ils attendent pour cela que les bourgeons aient tout à fait cessé de pousser ; personne ne doit ignorer combien cette pratique est contraire aux bons effets du pincement et à l'arbre lui-même. D'autres encore, et c'est le plus grand nombre, négligent tout à fait le pincement et ne font subir à leurs arbres que l'opération dont je parle, et qu'ils appellent à tort ébourgeonnage, puisque les bourgeons ayant cessé de pousser, sont alors à l'état de rameaux et souvent si gros que leur suppression fait faire des plaies considérables sur la branche qui les portait. Au moyen du pincement, l'on évite ce désagrément ; cette opération fait aussi prendre davantage de force aux bourgeons réservés, et lors de l'ébourgeonnage on n'a qu'à retrancher ceux qui se sont développés inutilement depuis le pincement ; ces derniers sont généralement faibles et peu nombreux ; ce retranchement a lieu par l'effet du cassement (1) à six ou huit lignes de leur naissance, au dessus de la rosette de feuilles qui s'y trouve ordinairement ; si parmi eux il s'en trouve quelques uns trop forts, qui résistent à cette opération, il faudrait les couper en prenant le soin de ne leur laisser qu'une très petite partie de leurs couronnes, et s'il s'en trouve à l'état de gourmand, il serait essentiel de les retrancher sans aucune réserve.

Sur les arbres à fruit à pepins taillés en pyramide, qui ont été pincés convenablement, l'ébourgeonnage est fort peu de chose et souvent inutile. La forme de ces arbres n'exigeant pas de soins aussi minutieux que celle des espaliers, et les bourgeons nuisibles ayant été pincés,

____

(1) Voyez ce mot, page 76.

leur faible végétation permettra de les conserver sans danger, et à la taille ils auront, pour la plupart, pris le caractère de dards ou de brindilles et quelquefois de petits rameaux.

Quelques praticiens ont coutume de faire supprimer indistinctement, par leurs ouvriers, lors de la prétentendue stagnation de la sève, c'est à dire en juillet ou août, selon la température de l'année et la nature des terres, les deux tiers ou les trois quarts de la longueur des bourgeons de leurs pyramides, pour leur donner, disent-ils, une forme plus régulière, leur faire produire beaucoup de fruits l'année suivante, et donner plus d'air à ceux qui sont sur l'arbre. Cette dangereuse opération, en faisant perdre à l'arbre une partie considérable de ses feuilles, arrête aussi les progrès de ses racines et souvent le fait périr vingt-cinq ou trente ans avant l'époque de sa fin naturelle ; elle peut cependant avoir une application utile ; c'est quand des pyramides d'arbres à fruit à noyau se trouvent dans une terre substantielle où la végétation se soutient presque sans interruption tout l'été, et où les pertes sont promptement réparées. Là elle maintient plus long-temps les branches à fruit en santé ; mais il arrive toujours une époque où les arbres ne portent plus que des *rameaux et branches à fruit,* et c'est alors qu'elle est très nuisible (1).

(1) Quand les arbres à fruit à pepins, déjà d'un certain âge, sont très vigoureux et ne portent pas de fruit, on en coupe aussi les bourgeons de cette manière, et toujours avec succès quand on peut bien saisir l'instant où la végétation est en repos, et que le temps n'éprouve pas de variations, ce qui est très rare ; or, lorsqu'il survient des alternatives de pluie et de chaleur, il se développe quantité d'yeux terminaux dont chacun d'eux est entouré d'une rosette de feuilles. Sans cette fausse pratique, de tels yeux auraient

§ V. Du palissage.

Le but du palissage est de maintenir les branches dans des positions telles, que ceux de leurs bourgeons qui doivent être conservés puissent, après l'ébourgeonnage, être placés sans confusion ; nous avons vu plus haut que cette opération est un des moyens les plus efficaces d'équilibrer la sève dans les diverses parties d'un arbre ; aussi un bon cultivateur ne le fait-il jamais que partiellement.

Quoique très importante, c'est une des opérations les plus faciles à bien faire ; choisir à chaque bourgeon la place véritable qu'il doit occuper, attacher très près ceux que l'on veut mâter, laisser toute aisance à ceux qui ont besoin de prendre de la vigueur, et ne pas mettre d'attaches fixes sur les parties encore trop herbacées, sont, à peu près, les seules règles que l'on en puisse donner. On palisse en tout temps et à toutes les opérations d'été comme d'hiver. Mais, je le répète, dans les palissages d'été, il faut bien se garder de gêner trop subitement l'extrémité des bourgeons; autrement, la sève, ne pouvant plus y circuler librement, ferait développer sur les parties ligneuses un grand nombre de faux bourgeons : c'est pourquoi l'on devra bien observer ces différens cas (1).

conservé leur état primitif pour prendre à l'avenir le caractère de bouton. Dans cet état de vigueur, il est un moyen plus sûr de mettre ces arbres à fruit; il consiste à couper, pendant l'hiver, quelques racines pivotantes; mais ce moyen ne doit être mis en usage que quand les localités ne permettent plus d'alonger la taille dans des proportions plus considérables qu'elle n'aurait été faite dans les années précédentes.

(1) Pendant le palissage, on appliquera au besoin le pincement, l'ébourgeonnage et la taille en vert. C'est ainsi que ces différentes opérations se trouvent liées entre elles, et qu'on ne doit cesser de s'en occuper que lorsque la végétation est devenue peu sensible

§ VI. Effeuillage.

Cette opération se fait particulièrement sur le pêcher à diverses reprises, selon le but que l'on se propose ; on l'emploie d'abord sur des parties trop vigoureuses, afin d'en modérer la vigueur (*voyez ce que j'ai dit à ce sujet en parlant des divers moyens d'équilibrer la sève*) ; on est aussi dans l'usage d'effeuiller les parties qui avoisinent les fruits, afin de leur donner de l'air et de la lumière ; on ne doit rien négliger pour que cette opération soit terminée avant que les fruits ne fassent remarquer les premiers signes du commencement de leur maturité. Dans les années sèches, à des expositions du plein midi, et dans les terres legères et brûlantes, il faut être très circonspect sur cette opération, qui devra être faite alternativement ; puis, en la terminant, on aura la précaution de conserver une ou deux feuilles en face de chaque fruit pour intercepter les rayons directs du soleil, autrement les fruits seraient exposés à perdre de leur volume et de leur qualité.

On devra toujours opérer de bas en haut, afin de ne pas former de déchirure près les yeux, et si l'on prend cette précaution, la plus grande partie du pétiole de chaque feuille opérée restera attachée à l'œil qu'il protège. Le temps le plus favorable à cette opération est l'absence du soleil et, mieux, l'approche d'une pluie. Si l'on est trompé dans son attente, on profitera de la fin du jour pour se servir d'une pompe à main, avec laquelle on mouillera les feuilles, ce qui produira un excellent effet sur la végétation ; ces arrosemens ne devront pas être négligés pendant la maturité des fruits, ce qui leur donnera un plus beau coloris et une qualité supérieure.

L'effeuillage peut se pratiquer sur tous les arbres fruitiers, sans en excepter la vigne; mais on devra, pour tous, admettre les conséquences que nous avons développées pour le pêcher.

§ VII. Opérations d'hiver ou règles de la taille.

Chargement et déchargement. L'opération du *chargement*, généralement appliquée aux jeunes arbres très vigoureux, a pour but de multiplier en grand nombre les petits rameaux, comme étant les seuls propres à les mettre à fruit, et, par cela, affaiblir le trop de vigueur de ces arbres.

Il y a deux manières de charger un arbre, qui diffèrent en apparence, mais qui ont le même but et les mêmes résultats. On charge en bois, en taillant très long tous les rameaux bons à conserver d'un arbre trop vigoureux, et qui ne donne que peu ou pas de fruit; on obtient ainsi une quantité de bourgeons telle, qu'elle suffit pour recevoir toute la sève des racines, et que chacun d'eux prend moins de volume que s'il ne s'en était développé que moitié ou un quart. Le chargement est beaucoup plus sûr et moins dangereux pour faire produire des fruits à un arbre et en diminuer la vigueur, que le mode d'ébourgeonnage dont j'ai parlé, page 69 : en effet, supprimer des bourgeons à un arbre lorsqu'il est en végétation, et que ceux-ci portent des feuilles, c'est lui ôter une partie de sa sève d'autant plus considérable que cette suppression est grande. Ceci prouve assez les mauvais effets d'un tel ébourgeonnage; mais fait durant l'hiver, lorsque la sève est en repos et con-

centrée dans les racines et les parties très ligneuses,
on ne court aucun risque ; au contraire , quelle que
soit la suppression que l'on fasse des rameaux dépouillés de leurs feuilles, on ne perd rien de cette sève, et
elle passe toujours au profit de l'arbre où elle est re-
tirée. Ainsi, en taillant très long tout un arbre, on
multiplie les bourgeons en assez grande quantité pour
que, en ayant moins de force, ceux de la série des fruits
à noyau prennent le caractère de rameaux à fruit, et
ceux de la série des arbres à fruit à pepins celui de brindilles et de dards, qui bientôt porteront des fruits, ce qui
diminue insensiblement la vigueur de l'arbre sans lui
faire perdre une trop grande quantité de sève par un
ébourgeonnage mal entendu , comme on le pratique dans
beaucoup de jardins.

J'ai déjà dit que ce mode de chargement devait s'employer sur des arbres entiers ; j'insisterai sur ce dire pour
en faire sentir toute l'importance. Quand il s'agit de diminuer la vigueur générale de la totalité de l'arbre, le
meilleur moyen à employer étant la production du fruit,
si l'arbre n'en porte pas déjà un bon nombre, on en obtient en chargeant de bois , c'est à dire en laissant à cet
arbre plus d'yeux que la sève n'en peut faire développer
en rameaux à bois ; mais s'il s'agit d'une vigueur relative, par exemple, que, sur le même arbre, une branche
soit tellement plus vigoureuse que ses voisines, qu'il
soit nécessaire de l'affaiblir, il faut bien se garder de la
charger de bois , puisque, *les yeux bien constitués étant
autant de pompes propres à attirer la sève ,* on voit qu'il
faut, dans ce cas, supprimer, autant que possible, des yeux
sur la partie que l'on veut affaiblir, et les tenir nombreux
sur celle dont on veut augmenter la vigueur. Ainsi l'on

pourrait avec raison appeler le chargement en bois chargement général.

Quant au chargement partiel, c'est à dire à l'affaiblissement d'une branche qui paraîtrait prendre trop d'ascendant sur ses voisines, il consiste à y conserver soigneusement, selon la nature des arbres, un très grand nombre et quelquefois la totalité des boutons, branches et rameaux à fruit, en cherchant à multiplier davantage les deux derniers par les différens moyens que je décrirai en parlant de la taille. Les rameaux à bois, sur cette partie, devront être taillés aussi court que possible, afin qu'il s'y trouve peu d'yeux propres à attirer la sève.

Le *déchargement* a pour but l'augmentation de vigueur des arbres, c'est à dire la production du bois; il consiste à retrancher d'un arbre ou d'une branche tous ou presque tous les fruits qu'ils portent. J'entends par fruits, les branches ou rameaux à fruit.

Rapprochement. Rapprocher un arbre, c'est diminuer la longueur de ses *branches* dans des proportions en rapport avec sa vigueur; on le dit également d'une branche en particulier qui aurait subi la même opération. On le pratique assez généralement sur des arbres déjà fatigués par l'âge ou par des récoltes trop abondantes, mais pas assez pour que l'on soit obligé de les ravaler.

Ravalement. Le ravalement tient le milieu entre le rapprochement et le recépage; aussi beaucoup de gens confondent-ils ces deux opérations. Celle-ci consiste à couper, dans les pyramides, toutes les branches, et à ne laisser que la tige; et, dans les espaliers, toutes les branches charpentières, ne conservant que les mères; on l'entend quelquefois aussi dans un sens moins général, et l'on dit ravaler telle ou telle partie, lorsqu'on lui a seulement retranché quelques branches charpentières.

Recépage. Recéper, c'est couper toutes les branches d'un arbre sans en excepter la tige, un peu au dessus du collet de la greffe. Cette opération se fait presque généralement sur de vieux arbres encore assez vigoureux pour reproduire des rameaux propres à en rétablir la charpente.

On recèpe également des arbres jeunes et vigoureux, auxquels on veut donner une forme plus régulière.

Il en est de même des arbres dont le bois est affecté de quelques maladies accidentelles ou naturelles.

Coupe. On entend par ce mot le point où l'on retranche une partie quelconque d'un arbre ; en toute circonstance, cette coupe doit être nette ; et, si elle a lieu pour retrancher une partie de rameau, elle devra toujours former avec lui un biseau peu alongé, et opposé à un œil qui lui aura été désigné, comme on peut le voir *pl. I, fig.* 9. Quand une coupe a lieu pour le retranchement de toute autre partie, elle devra toujours avoir plus ou moins de pente, afin de donner écoulement aux eaux pluviales.

Onglet ou *ergot*. L'onglet est la petite portion du rameau qui se trouve entre l'aire de la coupe et l'œil qui lui est le plus rapproché ; sa longueur doit varier en raison du volume des rameaux ; s'ils sont de la grosseur d'un fort tuyau de plume, il doit avoir à peu près une ligne au dessus de l'œil qu'il protège ; si le rameau est de la grosseur du doigt, l'onglet doit avoir deux lignes au moins. Si on augmentait cette longueur de beaucoup, on serait exposé à ce qu'il se desséchât, fît faire un coude désagréable à la vue, et nuisible à la circulation de la sève. Au temps de l'ébourgeonnage, ou autres travaux d'été, il faudra rectifier cette mauvaise opération ; puis, lors des divers palissages, on redressera, autant que possible, le coude déjà formé : ces petits soins ne sont importans que pour les bourgeons destinés à prolonger les branches charpentières.

Cassement. Cette opération a lieu seulement pour les arbres à fruit à pepins ; elle s'effectue sur des rameaux faibles, trop longs pour former des branches à fruit. Cette opération consiste à retrancher, par la rupture, les rameaux de six lignes à un pouce de leur insertion, ce qui se pratique facilement, en posant le taillant de la serpette à l'endroit de l'opération ; puis, appuyant le pouce en sens inverse, afin que le tout puisse se maintenir, comme il vient d'être dit, et par un renversement de main subtil, la rupture se fait de manière à former une plaie transversale, mais irrégulière (1), condition

---

(1) Plusieurs cultivateurs se sont récriés sur l'irrégularité de cette plaie, sous le rapport de la mal-propreté, et disent, en plus, que s'il y a des bourgeons vigoureux à se développer, l'action n'a pas moins lieu que si la plaie était nette. Je me permettrai de répondre que si l'opération est faite comme je l'indique, cet accident est peu fréquent, en ce que les quatre à huit yeux qui se trouvent dans le voisinage de cette opération, se trouvent d'autant plus éventés qu'ils en sont plus rapprochés, ce qui remplit les conditions voulues. Du reste, cette mal-propreté est plutôt imaginaire que réelle', en ce qu'elle ne porte pas plus d'obstacle à la vue qu'un petit dard. Si, après tout, ces parties venaient à se dessécher, elles rentreraient dans la catégorie des chicots, qui, comme tout le monde sait, doivent être réformés.

nécessaire pour faire développer des rameaux plus faibles et propres à former des brindilles et des dards destinés à donner des fruits : j'ai déjà eu occasion de parler de cette opération, à l'article de l'*ébourgeonnage des arbres à fruit à pepins taillés en éventail*, pag. 67.

Incision des écorces. Cette opération consiste à fendre les écorces, lorsqu'elles sont trop coriaces, et que leur tissu trop serré ne livre plus passage à la sève (1). On incise également les branches et les tiges.

Il doit y avoir, entre chaque incision longitudinale, au moins trois ou quatre lignes de distance.

On recommande ordinairement de couper l'écorce seulement, et sans attaquer l'aubier ; j'ai reconnu que cette précaution n'était de rigueur que pour les arbres à fruit à noyau, et non pour ceux à fruit à pepins.

M. Dumoutier, mon prédécesseur aux écoles du Jardin du roi, fut le premier qui employa ce moyen pour diminuer et souvent faire disparaître la gomme. Quand c'est dans ce but que l'on fait des incisions, elles doivent fendre l'écorce jusqu'à l'aubier. Le succès qu'il en a obtenu à Trianon, sous les yeux de M. Lelieur, mérite certainement les éloges que ce savant en fait dans sa *Pomone française;* je crois cependant que l'on devrait autant

(1) Quelques physiologistes, et, entre autres, un cultivateur très distingué, ont parlé de l'incision des écorces comme d'un moyen propre à diminuer la vigueur des arbres; ses raisons sont fondées sur la perte de sève qui se fait par les plaies; sans doute, en répétant l'opération tous les huit ou quinze jours au plus, on en viendrait à ce point; mais outre que cela prendrait beaucoup trop de temps, les cultivateurs ont des moyens plus sûrs et plus profitables d'affaiblir leurs arbres en employant leur sève à produire des fruits, comme je l'ai indiqué plus haut.

l'attribuer à la manière dont les arbres ont été taillés.
qu'aux incisions longitudinales et en croix que l'auteur
a pris la peine de décrire avec autant de précision que
d'élégance. Néanmoins, on peut regarder comme un
préjugé routinier l'opinion trop répandue que l'on ne
peut inciser les écorces du pêcher ; je puis recommander
ce moyen avec d'autant plus d'assurance, qu'il m'a toujours fourni les mêmes résultats qu'à mon confrère, à
cette exception près, qu'au lieu d'inciser profondément
et en croix, comme l'indique M. Lelieur, je les coupe
jusqu'au vif sur la partie attaquée. Cette opération peut
être faite en tout temps ; mais sa véritable époque est
avant l'ascension de la sève.

Les incisions longitudinales que l'on fait par prévoyance, ou pour faciliter le passage de la sève dans
une partie faible, doivent toujours être sur le côté de
la branche opposé à celui que frappe le soleil, et peu
profondes.

Nous verrons, en parlant de la taille en pyramide,
les bons effets que l'on peut obtenir des incisions longitudinales faites par prévoyance.

Entailles. Cette opération consiste à pratiquer, avec
la serpette ou la scie, deux incisions parallèles ou opposées, comme le représente la figure 9 de la planche V, qui
partent de la circonférence, et séparent l'aubier de manière à pouvoir l'enlever, soit carrément, soit en coin,
comme dans la figure précitée (1).

Les entailles ont pour but de changer le cours naturel
de la sève, et de la faire, ou passer dans des parties

(1) Cette forme n'est pas de rigueur, et souvent il suffit d'un trait
de scie bien paré avec la serpette.

qu'elle aurait négligées, et alors on les fait au dessus de ces par`ies, ou de l'empêcher d'arriver dans une autre ; pour cela, on les fait au dessous de la partie que l'on veut priver de sève.

J'ai souvent employé les entailles avec succès, et sur des arbres de tout genre; cependant il faut, avant de le faire, être sûr que l'œil, le bourgeon, le rameau ou la branche dans laquelle on fait passer la sève, n'est pas assez maigre pour que ses écorces ne puissent prendre de développement sans se rompre ; car pour les arbres à fruit à noyau leur rupture occasionerait de la gomme.

De telle manière et de tel sens que les entailles soient faites, elles doivent être régulières pour les arbres à fruit à noyau. Il est essentiel de les recouvrir avec l'amalgame résineux dont je parlerai au cinquième exemple de la seconde taille du pêcher.

Éborgnage. On a beaucoup exagéré le mérite de cette opération, connue sous le nom d'ébourgeonnage à sec. A moins de réunir toutes les conditions favorables au pêcher, telles que bon terrain, murs, chaperons, etc., on ne doit l'employer que sur les rameaux à fruit taillés en toute perte. Quant aux rameaux qui doivent former la charpente, on a tellement à craindre que les intempéries ne fassent périr les yeux sur lesquels on aurait pu compter, que l'on ne doit éborgner que ceux qu'il serait tout à fait impossible d'utiliser.

Il n'en est pas de même des arbres à fruit à pepins, soit en pyramide, soit en espalier, et nous verrons par la suite combien il peut être avantageux de l'employer sur les branches de la charpente même, en ce que sur cette série d'arbres les avaries sont beaucoup moins à craindre.

Telles sont toutes les opérations et les règles qui, réunies, constituent, à proprement parler, la taille. Je vais maintenant en faire des applications diverses, selon chaque mode de taille, et je donnerai des exemples où je tâcherai de réunir le plus que je pourrai des accidens si nombreux qui peuvent embarrasser ceux qui ne connaissent que la théorie de cet art.

CHAPITRE II.

DES TAILLES MODERNES.

La taille, selon qu'elle est bien ou mal faite, peut être ou fort utile, ou très nuisible aux végétaux ; il en est résulté que beaucoup de savans, qui n'ont point fait cette différence, ont publié comme certain que « *cette* » *opération contre nature est plus ou moins nuisible* » *aux végétaux*, et que, *bien faite, elle n'est que peu* » *dangereuse.* » Pour moi, je puis affirmer qu'il est plus convenable de dire : *La taille bien faite entretient* » *les arbres en santé, en vigueur et en rapport constant,* » *et prolonge même souvent leur existence.* » Je pourrais citer, à l'appui de cette opinion, des pêchers de soixante-dix ans qui sont encore en plein état de rapport et de santé, et qui seraient, sans contredit, bien malades ou morts depuis vingt-cinq ou trente ans, s'ils eussent été abandonnés à eux-mêmes ; je pourrais également montrer des poiriers bien taillés, que l'on a recepés à quatre-vingt-dix ans, et dont les rejets ont servi à reformer de nouvelles charpentes maintenant fort belles, etc.

De tout temps, la taille semble avoir eu le même but : faire produire beaucoup de fruits, et donner aux arbres une forme agréable. Celle-ci varia selon le goût ou le besoin, et se perfectionna avec le temps : probablement elle fut d'abord une imitation de la nature, c'est à dire des *plein-vent*; de ceux-ci durent naître les *vases*, qui en sont une perfection. Peut-être aussi les quenouilles, qui ont fourni les pyramides, datent-elles d'une époque également reculée.

Quand les excursions guerrières ou marchandes eurent enrichi nos climats des précieux végétaux de l'Orient et autres pays plus chauds que les nôtres, le désir de s'approprier ces végétaux dut faire naître l'idée des abris; de là les murs et les espaliers, qui, à la vérité, étaient autrefois bien différens de ce qu'ils sont aujourd'hui, mais qui ont pourtant dû leur servir de type.

La taille, telle qu'elle est maintenant, peut être considérée comme très perfectionnée et la meilleure à étudier; c'est pourquoi j'ai divisé les tailles en deux parties, les tailles modernes et les tailles anciennes, afin que le lecteur, arrivant progressivement du mieux au plus mauvais, pût se former d'abord un jugement sain, et être à même d'apprécier l'un et l'autre, lorsqu'il étudiera les tailles anciennes, pour la plupart arbitraires et défectueuses, mais qui cependant offrent presque toutes quelque utilité, soit locale, soit de circonstance.

Ire Section. — *Tailles en éventail.*

§ I. Taille en éventail sur pêcher.

Pour former des arbres en éventail, on est dans l'usage de greffer les jeunes sujets en écusson avec un seul œil; cet œil ne donne assez généralement qu'un bourgeon et rarement deux; encore je regarde ce fait comme accidentel, ce qui me dispense d'en faire une règle particulière, parce qu'elle va rentrer dans la pratique que je vais développer.

Le savant A. Thoüin conseillait avec raison de placer

deux écussons opposés l'un à l'autre sur tous les sujets destinés à former des arbres en éventail ; c'est ainsi que je l'ai toujours pratiqué au Jardin du Roi, sous les ordres de ce vénérable agriculteur. Ce procédé bifurque le tronc dès la première année, et procure les deux mères-branches, ce que, par l'ancienne coutume, on n'aurait obtenu que l'année suivante, à moins que deux bourgeons n'aient pris naissance sur le même écusson, ce qui est très rare, ainsi que je viens de le dire.

De l'arrachage et du soin de la plantation. On est dans l'usage de tirer, des pépinières marchandes, les pêchers et autres arbres tout greffés ; il serait beaucoup plus avantageux de les élever chez soi, parce qu'ils seraient accoutumés au sol dans lequel ils doivent vivre. Cependant, tout préférable qu'il est, ce procédé n'est usité que dans les grandes exploitations.

L'arrachage des jeunes pêchers se fait depuis la fin d'octobre jusqu'au 15 de mars, pour le centre de la France. Pour être réputés bons, ils ne doivent être ni trop forts, ni trop faibles, ayant les écorces grises dans les deux premiers tiers de leur longueur, et le reste d'un rouge intense sans aucune altération. Ils devront aussi porter des yeux bien constitués près de la greffe, qui ne devra être que d'un an. Les pêchers qui ont deux années de greffe sont peu estimés ; cependant il s'en vend beaucoup ainsi ; mais les pépiniéristes ont sans doute le soin de les adresser aux personnes qu'ils supposent ne s'y pas connaître : il est toutefois facile de ne pas y être trompé, parce que ces arbres offrent deux plaies, l'une sur le sujet, et l'autre un peu au dessus de l'insertion de la greffe, ce qui rend quelquefois son point de départ diffi-cile à reconnaître. En général, ces arbres sont très vigoureux, et leur beauté induit en erreur les personnes peu exercées ; mais leurs racines, qui sont proportionnées à la vigueur des rameaux, ayant été, pour l'ordinaire, mutilées et considérablement diminuées par l'arrachage, la reprise en est difficile. Cependant, j'ai planté des pêchers de trois à dix années, sortant d'un mauvais sol, pour être placés dans un semblable, et qui, pour cela, n'en ont pas moins bien repris, puisque les plus forts donnèrent cette même année jusqu'à soixante-douze beaux et bons fruits. C'est donc un préjugé de douter de la reprise des gros et vieux pêchers (1) ; il en est de même de tous les autres genres d'arbres ; l'important est de conserver autant de racines que possible, puis planter immédiatement, en prenant toutes les précautions voulues pour des jeunes ; car il faut bien se garder de les lever en motte, en ce que les sucs propres de ces terres sont, en grande partie, épuisés, et calcinés, toutes choses impropres à la reprise ; mieux vaut y suppléer par celle qui est friable, ni trop sèche ni trop humide, et riche en humus ; puis on y ajoutera, lors de la taille, celle de conserver toutes leurs branches charpentières ; les autres parties seront taillées aussi court que possible, en cherchant cependant à en faire sortir beaucoup de petits bourgeons, qui par le nombre de leurs feuilles puissent alimenter les racines. Ce travail devra être différé, puisqu'à l'exception des racines, il est extrèmement essentiel de ne faire aucune suppression aux arbres de toute nature que l'on plantera pendant l'automne et l'hiver ; on ne doit en faire qu'au printemps, avant l'ascension de la sève, et encore faut-il consulter le

(1) Quelques auteurs ont recommandé la déplantation des pêchers trop vigoureux, comme moyen de les mettre à fruit ; donc la reprise est assurée pour des arbres modérés dans leur vigueur.

besoin et les circonstances. C'est, en général, après les
derniers froids que les diverses suppressions à faire à ces
arbres doivent être faites ; jusque-là, les rameaux, les
branches et la tige même, servent à stimuler l'action
des racines ; ce qui aurait lieu plus lentement si l'on
supprimait quelques unes de ces parties, lors de la plantation. C'est, d'ailleurs, immédiatement après les derniers
froids que la sève est encore refoulée dans les racines, et
que la taille, faite alors, en détermine l'accroissement (1).
Cependant, si l'on prévoyait ne pas pouvoir opérer à
l'époque que je viens d'indiquer, il serait infiniment
préférable de la pratiquer aussitôt après la plantation,
que d'attendre que la sève fût montée dans les parties
destinées à être réformées.

Je n'entrerai dans les détails de la plantation des
jeunes arbres d'espalier que pour combattre l'opinion de
quelques auteurs, qui prétendent que, lorsqu'on les
plante, et que l'on en rencontre qui ont des racines volumineuses d'un côté, il faut avoir la précaution de diriger celles-ci vers le mur, afin de les empêcher de prendre trop de développement, ce qui pourrait devenir
funeste à l'arbre, en ce qu'ils croient que la sève produite
par ces racines agit au profit d'une seule partie. Cet
effet peut avoir lieu pour les arbres abandonnés à la seule

(1) C'est à l'aide de ces divers moyens que l'on parvient à faire
reprendre de très gros arbres ; tels sont les procédés que nous avons
employés en décembre 1824, lors du transfert de l'École des arbres
fruitiers du Jardin des Plantes : là, nous avons planté des poiriers
et des pommiers taillés en pyramides, dans lesquels il s'en trouvait
un assez grand nombre de la hauteur de douze et quinze pieds, et
d'un âge plus que relatif ; ces pyramides ont toutes parfaitement
repris, puisque, parmi ce nombre, il s'en trouve plusieurs en ce
moment qui ont vingt-huit et trente pieds d'élévation, et dans un
état des plus prospères.

nature ; mais il n'est pas à craindre pour ceux confiés à des jardiniers habiles. Considérant le tronc de l'arbre comme le canal central de la sève(1), ils sauront la distribuer également par les opérations dont j'ai parlé en traitant de l'*Équilibre de la Végétation*. Je recommande, dans la plantation de pareils arbres, de placer en avant la plus grande quantité de racines, afin qu'elles puissent s'étendre d'une manière plus uniforme, et de diriger convenablement les deux yeux propres à donner naissance aux deux mères-branches. Il n'est pas moins essentiel que la plaie du sujet soit hors de l'action du soleil, et de planter les arbres à six pouces de la muraille, en ayant soin de les incliner de manière à ce que le dernier tiers de leur tige y soit appliqué.

J'ai cru inutile de détailler la manière de préparer les terres, et d'indiquer l'espacement convenable ; ces connaissances sont généralement répandues ; cependant,

(1) A cette occasion, je citerai un fait fort remarquable, quoiqu'il ne soit pas sans exemple. Un cultivateur possédait une haie sur le bord de sa propriété. La partie extérieure, défendue par un fossé, laissait de ce côté les racines de la haie exposées aux influences de la sécheresse, qui les empêchaient de croître. Les branches de ce même côté étaient toujours restées libres, sans jamais éprouver d'altérations par la voie de la tonsure ; aussi elles étaient très volumineuses. La partie supérieure de cette haie était tondue chaque année avec beaucoup de régularité ; il en était de même sur le côté qui regardait l'habitation ; là se trouvait un terrain plat, bien amendé par la culture ; aussi les racines y étaient-elles fortes et pleines de vigueur. Cette haie, qui avait subsisté un grand nombre d'années, fut arrachée pour faire place à une muraille ; ses débris offrirent un contraste tout à fait étrange ; les racines les plus vigoureuses se trouvaient du côté où les branches étaient les plus faibles, *et vice versâ*. J'en conclus que la culture et la lumière sont les seules causes de pareils faits, ce qui prouve la vérité de mon assertion, que le tronc d'un arbre est le canal central de la circulation de la sève.

comme beaucoup de gens font cultiver sans être cultivateurs, j'ai cru devoir donner pour eux, un résumé succinct des conditions nécessaires à toute bonne plantation (*voyez ce qui a été dit avant de parler de la taille en éventail sur poirier*).

Époque de la taille. — J'ai divisé l'époque de la taille en deux sections : celle qui s'effectue pendant l'hiver, et celle connue assez généralement sous la dénomination de *taille de mai ou en vert.* (*Voyez* le § 3 du chapitre Ier, page 60.)

Je ne répéterai pas ce qui a été dit sur l'époque de la taille d'hiver par plusieurs auteurs modernes ; je suis même en contradiction avec quelques uns d'entre eux, car je ne vois pas de nécessité de terminer les opérations de la taille par les pommiers et poiriers, quand on peut s'occuper à la fois de tous ses arbres pendant les mois de janvier, février et mars, en commençant par les plus vieux et terminant par les plus jeunes. Si, cependant, parmi ces derniers, il s'en trouvait de très vigoureux , et que l'on voulût les mettre à fruit plus promptement, on attendrait, pour les tailler, qu'ils commençassent à développer leurs yeux pour prendre le caractère de bourgeons de la longueur de quelques lignes, afin de maîtriser la vigueur de ces arbres.

L'époque la plus avantageuse pour les arbres à fruit à noyau est celle où ils commencent à végéter (*il est bon aussi d'admettre les conséquences que je viens de développer pour les arbres à fruit à pepins*), afin que les plus vigoureux soient taillés lorsque leurs fleurs sont sur le point de s'épanouir, mais non plus avancées, comme cela se pratique trop souvent. Dans ce cas , l'opération est plus difficile, et occasione la perte de beaucoup de fleurs qui auraient été conservées par la taille. Ce fait s'explique aisément, parce que ces fleurs ont souffert jusqu'au moment de cette opération par l'affluence de sève vers l'extrémité des rameaux, et cette partie étant presque toujours retranchée dans des proportions plus ou moins longues, les fleurs réservées qui sont à leurs bases éprouvent une surabondance de sève trop subite qui leur est souvent très funeste. Cet exposé doit suffire pour faire connaître au cultivateur l'époque où il doit procéder à l'opération de la taille de ces arbres; ces principes sont applicables à toutes les espèces d'arbres fruitiers de ce genre arrivés à l'état de produit.

Observations sur l'arbre figuré pl. III. — Je le répète, cet arbre n'est point un produit de l'imagination, et sauf de très légères modifications, on peut en trouver de semblables dans les jardins privilégiés, et il est facile de s'en convaincre, en suivant les détails que je vais donner sur sa formation.

D'abord, il n'est pas de cultivateur un peu instruit dans la pratique, qui ne sache que lorsqu'il coupe un rameau assez vigoureux, l'œil sur lequel il taille pousse avec vigueur, sauf les accidens, et que celui qui lui succède, dans quelque sens qu'il se trouve placé, pousse à peu près dans les mêmes proportions, toutes choses égales d'ailleurs (*voyez planche VI, fig.* 4) : car, si l'œil terminal est très volumineux, et que celui qui lui succède soit petit, il est certain que le premier poussera avec beaucoup plus de vigueur que l'autre. Dans ce cas, et surtout si l'on craint que cet œil terminal ne s'empare de trop de sève aux dépens du dernier dont le développement serait cependant utile, il faut faire la coupe assez près de l'œil terminal, pour qu'il s'en trouve un peu fatigué, qu'il n'ait plus les mêmes moyens d'accroissement, et que l'autre reprenne l'égalité de végétation qui lui manque.

Maintenant que nous savons que l'œil qui se trouve placé au dessous du terminal peut pousser avec autant de vigueur que lui, il ne sera pas difficile de concevoir que l'on peut obtenir des branches sous-mères et secondaires inférieures partout où l'on veut. On peut même leur faire acquérir autant de vigueur et de régularité que celles que représente la *planche III*. Je crois inutile d'appuyer sur l'importance de ces branches ; chacun doit reconnaître combien il est avantageux d'en avoir, tant pour garnir le bas des murailles que pour absorber une immense quantité de sève, qui serait obligée de passer dans les mères-branches ; ce supplément de vigueur les ferait bientôt pousser vers le haut du mur, et nécessiterait leur trop grand abaissement. Or, nous avons déjà vu que, pour le plus grand succès des mères-branches, elles doivent décrire une pente de 45 degrés ; le peu de hauteur des murs et la nécessité de garnir leurs parties basses obligent, lorsque les branches secondaires inférieures manquent, à abaisser les branches-mères à l'angle de 25 degrés, ce qui les rend presque horizontales : alors leur accroissement en longueur cède au développement des branches et rameaux de la partie supérieure ; ceux-ci sont d'autant plus vigoureux qu'elles sont peu inclinées, et le parti le plus sage, dans cette circonstance, est de faire de ces rameaux des branches secondaires supérieures ; ce qui est facile, en les taillant très long. Mais celles-ci atteignent bientôt à leur tour le haut du mur, ce qui oblige à les abaisser aussi, et ce qui ne se fait pas sans confusion et peine, et sans occasioner des ruptures et des amputations ; toutes choses également nuisibles aux arbres à fruit à noyau. Il n'est pas rare non plus de voir, dans cette circonstance, l'extrémité des branches-mères totalement épuisée, aussi bien que les rameaux ou branches qui garnissent cette partie; il faut alors les rapprocher, et ces amputations et ce remplacement continuel, tout en compliquant les opérations, en rendent le succès beaucoup plus douteux. Il n'en est pas de même des procédés par lesquels on obtient d'abord des branches secondaires inférieures que leur position empêche de nuire à la mère-branche; d'ailleurs un pincement un peu sévère, opéré sur les bourgeons supérieurs de ces dernières, peut, au besoin, ralentir leur développement. On parvient ainsi à former une charpente régulière et presque inamovible, qui rend les opérations plus faciles, et maintient la santé de l'arbre. Pour peu alors qu'on soit secondé par le terrain, il est facile de donner à ses arbres une forme aussi régulière que celle que j'ai représentée.

Maintenant que je crois avoir suffisamment démontré les avantages de ma méthode, je vais passser aux opérations suivantes.

Première taille. — Elle a pour but la création des deux mères-branches; pour les obtenir, la tige des jeunes arbres que l'on destine à cette forme devra être coupée à quatre ou six pouces au dessus de la greffe, et sur deux yeux correspondans, disposés de manière à former l'aile gauche et l'aile droite; ces yeux, en se développant, formeront deux bons bourgeons, que l'on palissera comme je l'ai indiqué, page 70.

Pendant le développement de ces deux bourgeons, il n'est pas rare qu'il s'en forme d'autres sur la tige : quelques cultivateurs recommandent de les conserver;

je n'admets ce principe que dans les circonstances que je vais développer.

Si l'on n'avait pas apporté les soins nécessaires à la plantation, et que le sujet parût languissant, il serait prudent de laisser tous les bourgeons naissans, afin qu'ils pussent activer le développement des racines par la transmission de la sève descendante ; mais, lorsque la reprise est assurée, on doit supprimer tous les bourgeons inutiles, en ayant toutefois la précaution d'en conserver deux de chaque côté, afin que, si ceux que l'on destinait à former les deux mères-branches offraient trop d'inégalité, on puisse rapprocher sur les deux autres, en supprimant la partie de la tige qui alimentait les deux premiers. En définitive, ces arbres ne doivent avoir que deux bourgeons égaux au mois de septembre ; et si, après cette époque, il survenait quelque accident à l'un d'eux, il faudrait aussitôt redresser, aussi perpendiculairement que possible, le seul bourgeon qui aurait résisté. A la taille suivante, ce rameau serait taillé de façon à ce qu'il ne lui restât qu'un ou deux pouces de longueur, afin de déterminer le développement de deux bons bourgeons que l'on conduirait comme je viens de le dire.

Deuxième taille. — Cette seconde opération devrait être appelée la première taille, la précédente n'ayant pour objet que de séparer l'arbre en deux parties égales ; j'ai dit d'ailleurs que, lorsque l'on pratique sur le même sujet deux greffes opposées l'une à l'autre, on obtient deux bourgeons qui forment de suite les deux mères-branches. Nous avons vu aussi que d'une seule greffe il sortait parfois deux bourgeons, qui donnaient le même résultat. Cependant, comme cette méthode de greffer n'est pas encore assez répandue, et qu'elle ne le sera qu'avec le temps, je me suis résigné à figurer des arbres qui n'ont reçu qu'une seule greffe.

Les futures mères-branches, qui ne sont encore que des rameaux, doivent être taillées, la première année, à trois et quatre pouces de leur origine, comme on peut le voir *pl. I, fig.* 1, de manière que l'œil terminal puisse les continuer sans former un coude trop marqué. (*Voy. même pl., fig.* 2.) Les coudes seraient toujours désagréables et souvent nuisibles, s'ils étaient trop prononcés, en ce qu'ils sont presque toujours verticaux : dès lors les branches coursonnes supérieures qui se trouveraient sur ces parties, ou dans leur voisinage, étant sujettes à s'emporter, nuiraient aux branches de la charpente qui leur seraient opposées. C'est pourquoi j'aime assez prendre pour œil terminal un des yeux qui se trouvent placés devant, c'est à dire opposés à la muraille ; quand je ne peux pas avoir de ceux-ci, j'en choisis un qui regarde le mur. Mais c'est toujours malgré moi que je prends ce dernier parti, parce que la plaie, se trouvant exposée à l'action des rayons solaires, occasione des avaries. En pareil cas, on doit faire cette coupe beaucoup plus éloignée de l'œil que je ne l'ai indiqué, ce qui fera un onglet que l'on enlevera lors de la taille en vert, époque où le bourgeon sera bien développé. Dans cette seconde taille, il ne suffit pas seulement de s'occuper de l'œil terminal, mais encore de celui qui le suit. Il doit être placé inférieurement, de manière à donner naissance à la sous mère-branche. (*Voy. pl. I, fig.* 1, et ses résultats, *fig.* 2 et 3.) Il y a des cultivateurs qui, par une fausse pratique, taillent d'une manière opposée, ou qui, pour mieux dire, mettent l'œil terminal en dessous. Il en résulte que l'œil qui suit immédiatement se trouve très fréquemment en dessus, et quelquefois devant ou derrière, de sorte qu'ils sont forcés de le supprimer à l'ébourgeonnage, pour ne pas altérer le bourgeon terminal qui se trouve moins favorablement placé. Par cette fausse opération, ils sont privés de sous-mère-branche, chose cependant fort importante.

Par les principes que je viens de poser, je laisse aux mères-branches la facilité de se développer, et je forme les sous-mères-branches qui remplissent plus tard la fonction de garnir la partie inférieure des murs. Beaucoup de cultivateurs ne doivent des sous-mères qu'au hasard, parce qu'ils ne s'occupent, pendant la première année, que de la formation des mères-branches ; ils réforment même les sous-mères qui s'y disposent naturellement. Ils allèguent pour raison qu'il ne faut pas former les membres avant le corps, assertion que je trouve contraire aux lois de la nature, qui forme tout à la fois. C'est d'elle qu'il faut prendre des leçons ; nous devons l'aider de tout notre pouvoir, et non la contrarier, comme on le fait trop souvent.

Résultats de la seconde taille. Je présenterai pour premier exemple l'arbre représenté *pl. I, fig.* 2. Cet arbre a donné des résultats aussi satisfaisans qu'on pouvait le désirer. Ses quatre rameaux (1) ont acquis la longueur de cinq pieds et demi à six pieds. Cette longueur n'est pas rare sur des pêchers de cet âge, plantés dans un bon

(1) Ou plutôt branches ; car, après le développement de leurs yeux, ils en auront le nom : je l'ai déjà donné aux branches-mères, et, pour éviter dorénavant une répétition inutile, on se rappellera que, quand je parlerai de tailler une branche, il sera question du rameau qui doit la prolonger.

terrain et à une exposition convenable. Ces rameaux
sont très propres à commencer la charpente. Les deux
supérieurs doivent continuer les mères-branches, et les
deux inférieurs les sous-mères. Chacun de ces rameaux
est marqué pour être taillé à trois pieds ou environ. On
doit, en opérant, chercher à obtenir non seulement le
prolongement des mères et sous-mères, mais encore la
mation, sur chacune d'elles, d'une première branche
secondaire inférieure, *comme on le verra pl. II.* On remarque sur la sous-mère-branche de l'aile droite le trait
qui indique le point où doit être faite la taille, et qui
désigne un œil placé devant, position que je regarde
comme la plus avantageuse. Cet œil est à peu près de
même volume que celui qui doit donner naissance à la
branche secondaire inférieure. Je ne veux pas parler de
celui qui est placé près de l'œil terminal, en dessus, et
par cette raison on devra éborgner ou pincer très sévèrement le bourgeon qui en naîtra, lorsqu'on sera certain
que les deux yeux combinés pourront bien se développer. Quant à la mère-branche de cette même aile, je ferai
observer, au contraire, que les yeux sur lesquels on a
taillé sont dans une proportion inégale : 1° parce que
l'œil terminal combiné est en dessus, et que cette position est toujours plus avantageuse; 2° parce qu'il est
beaucoup plus volumineux. Comme cette disproportion
pourrait faire craindre qu'il ne s'emparât de presque
toute la sève, aux dépens de son voisin, on évitera ce
grave inconvénient en pratiquant l'*éventage,* ce qui
pourra diminuer la vigueur du bourgeon qui doit se
développer, et ravivera le faible bourgeon dont j'ai parlé.
Enfin, pour arriver plus sûrement à un résultat complet,
on emploiera les différens moyens que j'ai décrits en

parlant de l'*équilibre de la végétation* et du *palissage*. Si cependant le succès paraissait incertain lors de la taille en vert, on choisirait, parmi les bourgeons placés au dessous de ceux-ci, ceux qui paraîtraient les plus propres à remplir le but proposé. Mais pour qu'il n'y eût point d'inégalité entre les deux ailes, il serait à propos d'en faire autant à l'aile gauche. Je terminerai la description de l'aile droite en faisant remarquer à la base de mère-branche deux petits rameaux à fruit de premier ordre, qui sont le produit d'un bourgeon pincé. L'un d'eux doit rester sans être taillé ; et, si l'œil terminal de celui réservé voulait s'emporter par la position qu'il occupe, on aura soin de le pincer quand le temps en sera venu.

Passons maintenant à l'aile gauche de ce même arbre. On voit que la taille correspond parfaitement au côté qui lui est opposé, et que le rameau chargé de prolonger la mère-branche a été taillé sur un œil qui doit donner un bourgeon propre à la continuer. Si cependant on néglige de l'attacher soigneusement à sa base, il pourrait former un petit coude, comme on peut le voir *planche* 2, même aile ; mais avec du soin cet œil doit donner un résultat satisfaisant. On remarque que celui qui vient immédiatement après, à la destination de former la première branche secondaire, est d'une force à peu près égale au terminal, et donne une belle espérance.

On peut voir aussi à la base de cette branche deux rameaux à fruit, l'un du premier et l'autre du second ordre, qui sont le résultat d'un bourgeon pincé. Le rameau du premier ordre restera sans être taillé ; celui du second pourrait rester dans le même état, mais il y aurait à craindre qu'il ne s'emparât de la sève destinée à alimenter le premier. L'œil terminal de celui-ci doit donner naissance à un excellent bourgeon qui deviendra un rameau à fruit du troisième ordre, pour l'année suivante. Il est vrai qu'en faisant la réforme que je propose on peut occasioner un trop grand développement de celui qui reste. Pour éviter cet inconvénient, il eût fallu réserver une portion de celui dont j'ai indiqué la suppression, en le taillant sur le troisième ou quatrième œil, s'il s'en était trouvé à cette place. Mais, tout en ayant pris le caractère de bouton, il a fallu le réformer complètement, puisque le bouton sur lequel on eût appuyé la taille étant dépourvu d'yeux, il n'aurait pu attirer la sève, pour lui et ses semblables, que dans des proportions propres à faire naître des fruits éphémères, qui sont toujours en danger de tomber beaucoup avant leur maturité; cependant j'ai vu des petites branches portant des fruits mûrs à leurs extrémités, qui semblent toujours avoir été dépourvues de bourgeons dans cette partie, ce qui n'était pourtant pas probable lors du nouement des fruits, puisque mille autres observations faites pendant le cours de la végétation m'ont prouvé que l'on ne peut nullement compter sur le produit d'une branche dont l'extrémité est dépourvue d'œil ou bourgeon. Quant aux latéraux, ils ne sont pas de nécessité.

Nous arrivons au rameau destiné à former la sous-mère-branche de l'aile gauche. On voit qu'elle est taillée sur un œil placé derrière, et piqué par un point pour le faire remarquer. Cet œil est supposé aussi bon que celui qui précède, en sorte que l'on peut espérer qu'il remplira bien sa fonction.

Outre ce que je viens de dire sur la charpente de cet arbre, on a cherché à répartir la sève dans des proportions telles, qu'elle puisse faire développer des yeux

latéraux, et que ceux-ci puissent créer de bons rameaux
à fruit du troisième ordre pour l'année suivante.

Je terminerai les détails relatifs à cette figure en faisant remarquer les faux rameaux qui se trouvent sur les
rameaux principaux. Ils doivent être taillés sur les deux
premiers yeux (1), afin qu'ils se mettent en concordance
avec ceux du rameau sur lequel ils se trouvent placés.

La *figure 3, pl. I*, représente un arbre de même âge,
qui a poussé dans des proportions moindres d'à peu
près moitié. Les opérations applicables à cet arbre n'ont
aucun rapport avec celles que je viens de décrire, l'état
de faiblesse dans lequel il se trouve doit engager à ne
s'occuper que de faire naître sur chaque branche le bourgeon nécessaire pour la prolonger sans former de coude.
On voit aussi que trois de ses rameaux ont été taillés
assez court pour faire développer des yeux latéraux,
dans le but dont j'ai parlé à l'occasion de la fig. 2. Il est
également important de faire développer davantage le
rameau qui doit prolonger la sous-mère-branche de l'aile
gauche, qui est plus faible que celle de l'aile droite. Il
faut donc le laisser sans être taillé, afin qu'il prenne
plus d'accroissement, ce qui n'aurait pas lieu si on le taillait selon sa force, et encore moins très court, comme le
prétendent quelques auteurs. Il est vrai que ce rameau
a tous les caractères propres à son développement ; le
premier de ces caractères est d'être charnu à son extrémité, les yeux gros, triples pour la plupart, dont
presque tous ont conservé leur premier caractère ; l'é-
corce de cette partie est d'un beau rose foncé sans alté-

(1) Nous verrons que, sur des arbres plus âgés, plusieurs de ces
faux rameaux devront être taillés beaucoup plus long, parce qu'ils
ont, dans ce cas, une autre destination.

ration ; la partie basse de ce rameau est revêtue d'une écorce d'un gris roux ; toutes conditions indispensables pour son développement. Si, au contraire, l'écorce était d'un verdâtre pointillé de rouge dans beaucoup de parties, bien que ce rameau fût d'une dimension plus étendue, mais grêle, et muni de plusieurs faux bourgeons, on ne pourrait en espérer de bons résultats en le taillant long. (Voyez *Équilibre de végétation.*)

Je reviens au rameau qui doit continuer la mère-branche de l'aile gauche. On remarque que ce rameau a été pincé afin d'empêcher son trop de développement, ce qui n'a pas réussi complètement. Il est présumable cependant que si cette opération avait été totalement oubliée, la sève se serait portée tout à son profit, et aurait beaucoup plus négligé le rameau dont il vient d'être parlé. Une taille très courte vient achever l'ouvrage du pincement, qui, s'il avait été fait quinze jours plus tôt, aurait produit lui seul tout l'effet que l'on en désire, c'est à dire qu'il aurait remis cet arbre dans son parfait équilibre de végétation.

Nous arrivons à la figure 4 ; on voit que l'arbre qu'elle représente offre encore des résultats moins heureux que celui que nous venons d'examiner. Le rameau qui est destiné à la création de la sous-mère-branche de l'aile droite a à peu près 9 pouces de long, et se trouve peu disposé à se développer. Il n'a que des yeux simples dont un seul, placé vers l'extrémité, a pris le caractère de bouton. Si l'on opérait comme pour l'arbre dont je viens de parler, dans l'espoir de faire développer ce rameau, on n'aurait que de mauvais résultats, parce qu'il est arrivé à l'état languissant, et qu'aucun de ses yeux n'est propre à se développer. C'est pourquoi je le supprimerai totalement, et avec d'autant plus de raison qu'il est placé sur une branche peu vigoureuse. Le rameau destiné à continuer la mère-branche a été taillé sur le troisième œil, afin d'obtenir ce que n'a pas donné la seconde taille.

Les deux petits rameaux à fruit du premier ordre sont le résultat d'un bourgeon pincé. Ces petits rameaux doivent être retranchés, parce que l'arbre est trop faible pour porter des fruits. Dans l'aile gauche nous voyons que le rameau destiné à la création de la sous-mère-branche doit être retranché. Il est vrai que j'aurais pu le conserver en le taillant sur le deuxième œil, afin de continuer cette branche ; mais alors il y aurait de ce côté plus de moyens d'accroissement et difformité dans l'arbre. C'est ce qui m'a déterminé à en faire la réforme, d'autant plus que les rameaux des mères-branches, étant de même vigueur, sont capables de rétablir la nouvelle charpente.

Le cinquième exemple, même planche, offre une irrégularité différente, non moins pernicieuse. Lors de la deuxième taille, cette figure représente quatre rameaux, deux à droite et autant à gauche. J'ai supprimé, avec une partie de la tige, les deux qui se trouvaient les plus éloignés de la greffe, en rapprochant la taille sur les deux autres, comme me paraissant les plus convenables ; malheureusement la plaie a été faite un peu trop près du rameau de gauche ; celui-ci a été éventé, ce qui a nui à son développement. Divers moyens ont été mis en usage sans succès, ceux qui auraient pu réussir n'ont pas été tentés ; le premier consiste à devancer cette opération, en la pratiquant pendant le cours du mois de juillet ou août, mais ayant différé jusqu'au printemps, il eût été prudent de couvrir cette plaie avec un emplâtre résineux (1), qui aurait garanti cette plaie du contact de l'air, du soleil et de l'humidité. Le développement de la branche en aurait été facilité, et elle se serait mise en équilibre avec celle qui lui correspond. Le seul parti qu'il y ait à prendre est de la ravaler comme on peut le voir par le petit trait figuré, et de redresser l'aile droite le plus perpendiculairement possible, de manière à ce que ces deux rameaux puissent tenir lieu des deux ailes. On les traitera ensuite comme il a été dit plus haut.

Troisième taille. (*Planche II.*) — Nous allons maintenant examiner les résultats de la troisième taille, qui sont on ne peut plus satisfaisans, puisque la végétation s'est parfaitement achevée dans toutes les parties. Nous nous arrêterons seulement sur les considérations essentielles, pour ne point employer de temps inutilement.

Pour abréger les démonstrations, il m'a paru convenable de réunir tous les rameaux de l'aile droite qui ont un même but, en les désignant par un zéro qui se trouve à leur extrémité. Pour ne pas être obligé d'entrer dans des démonstrations particulières pour chacun d'eux, je dirai seulement qu'ils sont taillés de manière à obtenir, s'il est possible, quelques fruits, ce qui est rare sur des

(1) Ce mélange, qui est très utile pour toute espèce de plaies, écoulement de sève et greffe, se compose ainsi : pour une livre de *poix de Bourgogne ou calbotage*, *poix blanche ou poix grasse*, prenez un quart de *poix noire ou brai*, un quart de *poix-resine*, un quart ou même plus de *cire ordinaire*; faites fondre le tout ensemble, en le mélangeant bien. Chaque fois qu'on veut s'en servir, il faut le liquéfier. Quelques personnes remplacent la cire par du suif, mais j'ai reconnu qu'il était dangereux pour les arbres délicats, en altérant les vaisseaux séveux dans lesquels il pénètre.

arbres de cet âge, en ce que les organes sexuels n'y sont pas bien constitués (1). Il est vrai que le fruit n'est pas le point le plus important de ces opérations; ce qui doit fixer davantage l'attention, c'est que chacun de ces rameaux puisse donner naissance à un et plus souvent à deux bourgeons capables de le remplacer après la maturité des fruits. Pour obtenir ce résultat, il est de la plus grande importance de ne pas les tailler trop long, afin que la sève, détermine les yeux, qui sont à leur base, à produire les bourgeons dont je viens de parler. Pour y parvenir plus sûrement, il serait important que les rameaux qui sont destinés à la charpente ne fussent pas non plus taillés trop long, afin que la sève, qui a toujours de la tendance à se porter aux extrémités, pût être concentrée dans l'intérieur de l'arbre et répartie avec avantage dans toutes ses parties. Je ne puis déterminer la longueur qu'on doit leur donner ; en pareil cas, c'est l'expérience qui doit servir de règle, et je ne puis que répéter l'avis donné par A. Thoüin dans ses leçons d'agriculture pratique : « Lorsqu'on n'est pas sûr de ses opérations, il vaut beaucoup mieux tailler un peu trop court que trop long ; car les fautes que l'on pourrait commettre, dans le premier cas, seraient réparables, par le choix que laisserait le nombre des rameaux développés, ressource que n'offre jamais une taille démesurée en longueur. »

Je donnerai des explications et des exemples suffisans pour opérer dans de justes proportions, et vaincre en partie cette grande difficulté.

Nous allons maintenant étudier les rameaux de cette même aile, auxquels j'ai appliqué des opérations diffé-

(1) Les fleurs de tels arbres ont ordinairement un pistil très court et souvent imparfait.

rentes de celles dont je viens de parler. Je décrirai d'a-
bord les numéros 1 et 4, qui sont très vigoureux ; on
peut les considérer comme rameaux à fruit du troisième
ordre, mais très forts, et qui, dans quelques circonstances, tiennent lieu de rameaux à bois, parce qu'ils
peuvent, comme eux, être appropriés à la formation
des branches de la charpente. On comprendra très bien
que, s'ils étaient taillés long pour obtenir plus de fruits,
la quantité de bourgeons qu'ils développeraient formerait
de la confusion, et nuirait à la branche secondaire dont
ils sont très voisins. Cette position pourrait même engager à les supprimer ; mais il sera plus prudent de les
tailler, comme dans l'exemple, à deux yeux, afin qu'il
n'en sorte qu'un ou deux bourgeons. Au reste, si même
un seul nuisait à ses voisins, on réformerait toute la
branche à l'ébourgeonnage (1).

Nous passerons maintenant au rameau n° 2 : il offre
trois bifurcations, qui sont le résultat du pincement ;
sans cette opération il aurait pris une très grande extension ; mais leur position laissant encore craindre le même
accident, j'ai supprimé celui qui paraissait devoir s'approprier une plus grande quantité de sève, et dont le
développement eût été préjudiciable à la mère-branche
en rompant l'équilibre de la végétation.

Les deux autres rameaux doivent rester entiers, en ce
que le plus grand est mince, et muni d'une assez grande
quantité de boutons doubles pour la plupart, sans être
accompagnés d'yeux. Malgré l'opinion de beaucoup
d'auteurs, qui prétendent que ces rameaux ne portent
jamais de fruits, je me suis convaincu du contraire ; il

____

(1) Dans un cas particulier, que je développerai n° 5, on peut les
tailler très long.

est vrai que, s'ils étaient sur des branches languissantes,
il seraient assurément dans ce cas ; mais la position qu'ils
occupent leur permet de porter des fruits comme si les
boutons étaient accompagnés d'yeux. L'important est qu'il
en ait un à l'extrémité comme on peut le voir. Pour le
rameau du premier ordre, il deviendrait dangereux, si
l'œil terminal prenait un trop grand essor, ce qui peut
arriver par l'avortement des boutons situés à sa base.

N° 3. On remarquera que ce rameau a été pincé, ce
qui l'a fait bifurquer en deux rameaux presque égaux ;
le plus grand a environ onze pouces : l'un et l'autre
sont trapus et constitués de manière à absorber une très
grande quantité de sève. J'ai cherché à éviter cet inconvénient en supprimant le plus grand et taillant l'autre
sur les deux premiers yeux, qui, comme on peut le voir,
offrent peu de volume ; cependant, comme le rameau
qui les alimente est dans une position très favorable, il
sera prudent de bien observer leur végétation, afin de
les pincer, s'ils prenaient trop d'accroissement.

Je ferai remarquer le n° 5, qui a été taillé outre mesure ; c'est ce que l'on appelle tailler en toute perte. Ce rameau est destiné à donner des fruits sans fournir de bourgeon pour le remplacer, ce qui est le contraire de ceux
qui sont désignés par un zéro. On peut opérer ainsi
toutes les fois que les rameaux à fruit se trouvent placés sans confusion sur des branches assez vigoureuses
pour ne pas être épuisées par la privation de la sève
nécessaire à alimenter ces rameaux. Cela devient même
souvent très important, dans l'économie de l'arbre auquel on l'applique, en modérant la trop grande vigueur de ces parties, et en les empêchant de développer des bourgeons trop volumineux qui pourraient lui

être nuisibles. Cette opération demande beaucoup de discernement, parce que, si elle était multipliée sur des parties faibles ou languissantes, elle pourrait leur être très funeste.

J'aurai occasion de revenir sur ce sujet lorsque je traiterai d'arbres plus avancés en âge, où nous trouverons des branches coursonnes, sur qui cette opération devient importante.

Nous nous arrêterons un instant sur les rameaux destinés à continuer la charpente de l'aile droite. Je ferai remarquer que le rameau A, destiné à former la première branche secondaire inférieure sur la sous-mère, n'est pas de la première vigueur; ainsi j'ai cherché à lui faire prendre du développement en le taillant sur un très bon œil placé en avant. J'ai aussi porté toute mon attention à ce que la coupe ne fût pas près de cet œil, afin que la plaie ne lui fît éprouver aucune avarie.

Il est vrai que ce rameau est taillé de deux à trois yeux plus long que je ne l'aurais désiré, parce que plusieurs yeux placés sur la partie réservée ne sont pas bien constitués, ce qui fait craindre que leur développement ne soit pas bien satisfaisant. J'aurais obtenu un résultat plus sûr en le taillant plus court; mais la difficulté de trouver un œil terminal placé devant m'a forcé de m'arrêter au point désigné. Cependant, pour remédier à cet inconvénient et assurer le développement de ses différens yeux, j'ai taillé B un peu court, afin que la sève qu'il concentrera passe au profit de A et des autres rameaux qui composent cette branche.

Nous voyons que C est dans un état brillant de végétation et a tous ses yeux bien constitués. L'œil terminal, quoiqu'un peu en dessous, est cependant assez bien

disposé pour continuer la prolongation de cette branche ;
le rameau qui lui est correspondant dans l'aile gauche,
quoique moins vigoureux, est bien constitué dans toutes
ses parties ; les yeux sont proportionnés, et l'écorce, grise
à la base, est d'un rose foncé à la partie supérieure. Il y
a lieu d'espérer qu'il se développera avantageusement ;
mais, pour cela, il est nécessaire de ne le point tailler (1).
Si l'on cherche la cause de l'affaiblissement de ce rameau,
on la trouvera dans le petit coude qui existe près de la
troisième taille, au point E ; ce coude est l'effet du mauvais choix de l'œil terminal destiné à continuer la mère-
branche, il a été pris en dessus. On sent parfaitement bien
que la sève, qui néglige toujours les parties obliques
pour se porter dans celles verticales, toutes circonstances
égales d'ailleurs, a dû nécessiter l'affaiblissement de ce
rameau ; c'est pourquoi je recommande de prendre toujours pour œil terminal un de ceux qui se trouvent devant. Si à la place de cet œil il s'y était développé un faux
bourgeon, et que celui-ci s'y soit muni à sa base de deux
yeux presque opposés qui lui sont assez ordinaires, on
taillera dessus comme s'il était resté à l'état d'œil, puis,
rapprochant sur ses deux yeux opposés, dont il vient
d'être parlé ; lors de l'ébourgeonnage, on conservera
celui qui paraîtrait le plus propre à continuer le prolongement de cette branche.

Je vais maintenant opérer les deux rameaux qui doivent continuer les mères-branches. On remarque qu'ils
poussent avec force et régularité ; j'en conclus que
je peux les tailler à environ trois pieds, cette distance
étant celle qui convient pour obtenir le développe-

(1) Voyez ce que j'ai dit à l'article : *Des branches et des rameaux
faibles.*

ment de la deuxième branche secondaire inférieure, pour laquelle je choisis des yeux dans cette situation, et près de ceux destinés au prolongement des branches-mères ; mais il ne m'est pas possible de réaliser les vues proposées, parce que, du côté gauche, je me vois contraint d'utiliser un faux rameau qui a été taillé sur les deux premiers yeux. L'un d'eux sera réformé lorsque j'aurai la certitude que le plus vigoureux sera parfaitement développé, ce qu'il est difficile de prévoir d'avance ; c'est pourquoi, dans cette circonstance, je n'emploie de faux rameau qu'à la dernière extrémité. J'aurais pu, en pareil cas, tailler le rameau à deux yeux au dessous de l'endroit désigné, pour éviter cette incertitude ; mais, par cette opération, la seconde branche secondaire inférieure naîtrait beaucoup trop près de la première, et, de plus, en mauvaise harmonie avec celle qui lui correspond sur l'aile droite. Néanmoins on pourrait être contraint de pratiquer cette opération à l'ébourgeonnage, si le faux rameau ne donnait pas le résultat attendu.

Je terminerai ce qui regarde ces deux rameaux en faisant remarquer que l'œil terminal combiné de chacun est un peu en dessus, mais pas assez cependant pour produire de difformité.

Il me reste à dire un mot des faux rameaux. Je les ai décrits plus haut ; il me suffit donc de les faire remarquer ici sur l'un des rameaux en les désignant par un F. Je fais observer que la plus grande partie d'entre eux sont taillés sur les deux premiers yeux ; j'ai déjà dit que ceux-ci étaient sujets à s'annuler : pour ne pas les trouver tels lors de la taille, on prévient cet inconvénient par le pincement, qui se pratique sur le bourgeon auquel ces yeux sont attachés, ce qui se fait au dessus de la troisième ou qua-

trième feuille. Voyez le résultat d'une de ces opérations,
n° 6, même lettre. Je ferai aussi remarquer le n° 7, *id.*, qui
est resté sans être taillé ; il porte une assez grande quantité de boutons qui promettent avec certitude une grande
abondance de fruits. On peut donc utiliser ces sortes de
rameaux, toutes les fois qu'ils se trouvent dans une position semblable à celle que j'ai représentée, c'est à dire
lorsqu'ils ne peuvent nuire aux progrès du rameau sur
lequel ils ont poussé. Ces faux rameaux offrent tous les
avantages des rameaux du troisième ordre ; ils sont même
nécessaires, en ce qu'ils peuvent modérer la grande vigueur du rameau qui les porte ; je suis persuadé qu'ils
pourraient prendre un très grand développement, auquel
leur constitution et leur écorce souple les rendent très
propres. Dans certains cas, ils pourraient être employés
à la création d'une branche secondaire ; mais ce n'est
pas applicable à l'exemple présent, qui nous offre des
ressources plus certaines.

On ne peut employer ce procédé sur les parties supérieures, parce qu'alors une très grande quantité de sève
serait absorbée par les faux rameaux, au préjudice du
rameau qui les aurait fait naître, à moins que les faux
rameaux ne soient d'une constitution très grêle, mais
alors leurs produits sont fort incertains.

Il est encore un moyen d'utiliser les faux rameaux
d'une manière assez importante. En supposant que le rameau D ait développé la plus grande partie de ses yeux
ou faux bourgeons, comme cela arrive assez souvent
dans les terres brûlantes, la taille alors serait embarras-
sante. Mais un cultivateur intelligent prévoit cet accident en choisissant, comme je l'ai dit, lors du pincement
et du palissage, le faux bourgeon le plus vigoureux,

afin de le rendre propre au remplacement de ce rameau, qui sera alors réformé si le but proposé est atteint, c'est à dire si le faux rameau a au moins le quart du rameau principal.

Je renvoie, au reste, à ce que j'ai dit du *pincement des faux bourgeons.*

Je termine ici les détails relatifs à la *pl. II*, qui représente un arbre de première vigueur, et je pense qu'on peut en déduire facilement les différences qui peuvent être nécessaires dans les opérations applicables à des arbres moins vigoureux. Je n'ai pas cru devoir en donner de figures, parce que les principes sont les mêmes ; il n'y a de différence que dans l'époque de leurs applications, qui ont lieu à de plus longs intervalles, l'état de la végétation étant tel chez quelques uns qu'on ne peut espérer, que fort tard, de pouvoir former des branches secondaires inférieures.

La *fig.* 3 de la *pl. I* va m'aider à expliquer ma pensée. Supposons que le résultat de cette taille remplisse notre attente, et que les yeux terminaux, tant fixes que combinés, destinés au prolongement des diverses branches, vinssent à pousser des jets de quatre à cinq pieds ; on pourrait par la quatrième taille préparer la formation des premières branches secondaires inférieures, tant sur les mères-branches que sur les sous-mères, et cet arbre ne serait en retard que d'une année sur celui représenté *pl. II.* Ce fait est assez ordinaire dans les terrains où les arbres végètent peu pendant les premières années de leur plantation ; et si ce retard de végétation ne dure que pendant les quatre ou cinq premières années, on ne doit pas désespérer d'obtenir la forme indiquée. Si, au contraire, cette faible végétation se prolonge plus long-temps, on ne peut espérer que des arbres rachitiques et difformes ; car le plus habile jardinier ne peut rien faire sans végétation. C'est pourquoi le vénérable Thoüin conseillait toujours de planter en terrain riche, pour ne pas exposer les jeunes arbres à s'endurcir, ce qui est très dangereux pour eux et surtout pour le pêcher.

Examinons rapidement maintenant les résultats de la quatrième taille.

Quatrième taille. — Voyez chaque trait transversal tracé sur l'arbre figuré *pl. II*. Je ferai remarquer comme base principale que tous les yeux qui composent son économie, et que cette quatrième taille fera développer pour prendre le caractère de rameaux, ainsi que ceux qui existent au moment de l'ascension de la sève, auront le caractère de branches. Excepté celles qui doivent continuer la charpente et qui conserveront leurs noms respectifs, toutes les autres prendront celui de *branches coursonnes,* parce qu'elles porteront des rameaux à fruit de différens ordres qui subiront les opérations convenables à leur vigueur et à leur position.

Je n'ai pas cru nécessaire de donner ici plus de détails sur cette taille, ne différant des précédentes que par les branches coursonnes, dont je me propose de parler encore à l'occasion de l'arbre figuré *pl. III*. Je n'ai pas cru non plus nécessaire de figurer les résultats des quatrième et cinquième tailles, parce qu'elles sont peu différentes de la sixième qui va bientôt nous occuper. Je ne ferai qu'une seule observation à leur sujet, c'est qu'à l'égard de la quatrième et de la cinquième taille, on ne doit point s'occuper de la formation des branches secondaires supérieures ; on doit, au contraire, s'opposer par tous les moyens de l'art à ce qu'elles prennent trop d'accroissement ; car si on leur accordait quelque protection avant que l'arbre ait acquis l'âge voulu, l'on serait exposé à ce qu'elles s'emparassent d'une très grande quantité de sève ; ce qui altérerait les mères-branches et ne tarderait pas à les faire périr.

Cinquième taille. — Il faut considérer que l'arbre *pl. III* n'a éprouvé que des avaries peu sensibles depuis sa plantation ; aussi a-t-il une dimension considérable pour un arbre de cet âge. Il a, de l'extrémité de l'aile droite à celle de l'aile gauche, environ vingt-six pieds d'ouverture. Je n'ai figuré qu'une seule aile, afin de pouvoir le faire sur une plus grande échelle qui permette de rendre les détails plus sensibles ; ce qui est essentiel ici, parce que cette moitié d'espalier réunit non seulement tous les résultats heureux, mais encore les petits accidens ou anomalies diverses qui peuvent se rencontrer sur des arbres bien et mal taillés. Au reste, l'aile gauche devant être semblable, celle-ci suffit pour les démonstrations.

Quelques personnes seront peut-être étonnées que j'aie pris un arbre aussi jeune pour terme de mes observations ; je leur ferai remarquer qu'il porte déjà des branches de toutes les sortes ; qu'une partie de la charpente est formée, ce qui le rend tout aussi propre aux démonstrations que s'il avait quelques années de plus. Dans ce cas, en effet, il serait seulement plus grand, plus garni de branches et de rameaux, mais n'offrirait rien de plus sous le rapport de l'utilité et de la précision.

La seconde taille a été faite sur cet arbre, à environ huit pouces du tronc, distance trop considérable pour le parfait développement des sous-mères-branches, parce qu'elle les éloigne trop du tronc, et leur ôte la faculté d'en recevoir une assez grande quantité de sève. Mais l'extrême vigueur de l'arbre à l'époque de cette seconde taille m'engagea à les éloigner ainsi ; le rameau sur lequel l'opération a eu lieu avait alors la grosseur du pouce, et il y avait à craindre quelque extravasation de sève, si on eût taillé à trois ou six pouces, ainsi que je l'ai recommandé comme condition importante. Ces branches ont acquis néanmoins un très grand développement ; mais, je dois le répéter, leur succès n'est pas aussi certain que si on les avait fait naître plus rapprochées.

On voit que la vigueur de l'arbre s'est parfaitement soutenue, puisque la troisième taille a été faite à trois pieds environ de la seconde. On peut, sans autre explication, vérifier sur la *planche* les résultats obtenus par cette troisième taille, et apprécier ainsi la justesse des opérations.

La quatrième taille ayant eu des résultats heureux, et l'arbre étant encore d'une grande vigueur, les opérations ont été à peu près semblables à celles de la troisième.

La cinquième exige plus de détails, et aurait peut-être mérité une figure ; mais les explications que je vais donner sur celle-ci en tiendront lieu, je l'espère. Cette cinquième taille a été effectuée assez près de la quatrième, parce que le rameau destiné à former la deuxième branche secondaire inférieure était resté alors un peu faible comparativement à celui destiné au prolongement de la mère-branche. Ce dernier a donc été taillé court, afin de faire passer la sève au profit du rameau inférieur, que l'on a taillé long pour augmenter sa vigueur. On voit combien cette opération a eu d'heureux résultats.

Cette cinquième taille devait aussi former une autre branche secondaire au point *J*, qui pût remplacer celle de l'année précédente dans le cas où son développement n'eût pas été convenable ; mais sa vigueur, lors de la sixième taille, et l'avantage de sa position, lui ont fait donner la préférence. Enfin on remarque encore que l'œil qui a dû prolonger la mère-branche était supérieur, ce qui a nécessité un coude désagréable et qui gâte la belle régularité de cet arbre.

Sixième taille. — Quant à la sixième taille, nous n'en dirons qu'un mot. Elle a été établie à la distance de quinze pouces ou environ ; on voit que la coupe a été faite sur un œil placé derrière, ce qui lui fait faire face au soleil, désavantage que j'ai déjà fait remarquer. Peut-être aussi que la coupe représentée ici n'est pas celle qui a été établie par la taille, l'œil terminal ou celui qui le suit pouvant avoir été détruit par quelque accident, ce qui aurait pu contraindre à revenir sur ce point lors du pincement ou de toute autre opération d'été, époque où l'on s'aperçoit des accidens et où l'on cherche à y remédier (1).

Septième taille. — Nous arrivons à la septième et dernière taille pratiquée sur les rameaux destinés à continuer le prolongement de la mère-branche. Nous remarquons d'abord que l'œil terminal est placé en avant de la muraille ; cet œil est très propre à prolonger cette branche sans former de coude. On voit également que ce rameau est taillé un peu court, afin de maintenir la sève au profit de celui qui est destiné à la formation de la troisième branche secondaire inférieure. Celui-ci doit

---

(1) Voyez ce qui a été dit en parlant de la taille de mai.

rester sans être taillé, sans cependant que l'on soit sûr de son parfait développement, parce que l'œil terminal est un peu avarié, ou au moins mal constitué. C'est alors qu'un des latéraux le plus vigoureux sera disposé pour en tenir lieu. On doit remarquer aussi sur la mère-branche le peu de longueur des dernières tailles, comparativement aux premières. On sentira très bien que, si je donnais trop d'étendue à cette partie, bientôt la sève, qui a toujours de la tendance à s'y porter, négligerait infailliblement d'alimenter les branches coursonnes placées sur toute l'économie de cet arbre.

Tout ce qui a été dit jusqu'à présent est relatif au développement de l'arbre ; il faut maintenant s'occuper de l'état prospère de chacune de ses parties. Il ne suffit pas de recommander cette doctrine, il faut en faire l'application ; c'est l'objet dont je vais m'occuper.

J'ai déjà dit, en parlant de l'équilibre de la sève, page 28, que, pour le succès des branches-mères, elles ne doivent pas dépasser l'angle de 45 degrés ; c'est le point où se trouvent celles de cet arbre. Il faut maintenant s'occuper très sérieusement de maintenir la sève dans l'intérieur, pour qu'elle puisse se répartir avec justesse dans toutes les petites branches qui en forment l'économie. Ce n'est qu'avec une taille sagement raisonnée qu'on peut y parvenir. Je ne dirai pas, comme quelques auteurs, qu'il faut tailler les *branches à fruit court* et les *branches à bois long*. C'est là le résumé de leur doctrine. En thèse générale, ils ont raison ; mais une foule de circonstances obligent à sortir de cette règle.

Je suppose que le rameau placé sur la branche-mère, n° 8, soit taillé à deux pieds et demi, assurément il serait taillé très long ; et, en raison de sa force, il serait

très propre à former une bonne branche secondaire supérieure. Mais un rameau de cette nature, placé sur la
mère-branche, et lui offrant un empâtement considérable, est disposé à recevoir une très grande quantité de
sève attirée par un assez grand nombre d'yeux dont il
est garni, et à cause de son écorce tendre et propre à se
dilater. Une semblable disposition ne pourrait donc que
menacer l'existence de l'arbre, en détournant la presque totalité de la sève dont le reste de l'arbre serait
privé.

Je sens parfaitement bien que si, par négligence ou
par défaut de temps, il était né sept ou huit rameaux de
cette nature et dans des positions semblables, on serait
contraint d'en conserver quelques uns de ceux les mieux
placés, tant pour former des branches secondaires supérieures, que pour recevoir la sève de ceux qu'il faudrait
tailler très court ou supprimer totalement, à cause de
leur position trop rapprochée des rameaux conservés. En
effet, en les supprimant tous, on s'exposerait à des
extravasations de sève qui peuvent compromettre l'existence de l'arbre, à moins cependant qu'il ne soit planté
dans une terre douce et très convenable à la nature du
pêcher. Encore cette opération ne serait pas sans danger, puisqu'elle est mortelle dans un terrain brûlant.

Quand, par exemple, il n'existe de ces rameaux que
par hasard, et que toutes les branches de leur voisinage
sont en bon état, on peut sans danger les réformer ; mais
il est toujours préférable d'éviter leur accroissement par
l'opération du pincement et du palissage.

Je ne dirai plus rien sur ce qui concerne les branches-
mères, sous-mères et secondaires inférieures, parce
qu'elles ont été l'objet de mes démonstrations précé-

dentes; mais il me reste à parler des autres branches qui concourent à la charpente d'un arbre, comme les branches intermédiaires, secondaires supérieures, et de ramification.

On peut voir deux de ces dernières sur des branches secondaires supérieures et inférieures au point marqué D. Occupons-nous d'abord de celle qui a pris naissance sur la deuxième branche secondaire inférieure. Le moyen d'obtenir cette sorte de branche D est le même que celui que l'on emploie pour la création des branches secondaires ; c'est toujours, autant que possible, l'œil qui suit le terminal que l'on dispose à cet effet. Il faut, autant qu'on le peut, les établir inférieurement ; dans ce cas, elles sont très utiles aux progrès des branches secondaires, parce que, dans leur première jeunesse, elles coopèrent à leur parfait développement ; et, lorsqu'elles sont devenues vieilles et peu vigoureuses, on réforme les branches de ramification, suppression qui bientôt ravive la branche dont elles tiraient leur nourriture.

Si, au contraire, de pareilles branches étaient placées supérieurement, elles pourraient causer la mort de celles qui les auraient produites, ce qui obligerait à en faire l'amputation, c'est à dire que, pour prolonger la branche secondaire, on serait obligé d'utiliser la branche de ramification en faisant la réforme de la partie qu'elle aurait épuisée. Dans ce cas, ces sortes de branches sont considérées comme des branches de remplacement ; toutefois, il ne faut employer ce moyen que lorsque la sève refuse de passer dans la branche qu'on est obligé de remplacer.

Quant aux branches secondaires supérieures, on

devra veiller à ce qu'aucune d'elles ne soit en opposition avec les semblables inférieures ; il est même de rigueur de chercher, autant que possible, à les établir au milieu de l'intervalle qui se trouve entre les inférieures, de façon qu'elles soient alternes. Chacune d'elles pourra jouir alors des avantages que peut lui procurer la mère-branche, ce qui n'aurait pas lieu pour les inférieures, si elles étaient opposées.

Jetons un coup d'œil sur la première de ces branches n° 4, qui n'est autre chose que le développement d'une branche coursonne qui a déjà subi trois opérations. Les deux premières n'ont rien de remarquable, mais il n'en est pas de même de la troisième, qui a été faite dans le but de prolonger la branche coursonne, en cherchant à obtenir en même temps le développement d'un rameau propre à la formation d'une branche de ramification inférieure D, ce à quoi l'on a parfaitement réussi.

Je ferai remarquer que la création de ce rameau a eu lieu à peu près à huit pouces au dessus de l'insertion de la branche secondaire. On ne doit jamais chercher à le créer à des distances plus grandes, à cause des avantages que l'on peut en obtenir, et qui seront indiqués plus loin.

Il est à remarquer que les deux rameaux destinés à prolonger chacune de ces branches ont été taillés assez court, afin d'empêcher leur trop grand développement. Il faut joindre à cette opération le changement de direction. On voit que les deux rameaux et le corps de la branche ont été inclinés vers le centre, afin de leur ôter la perpendicularité, et de gêner leur extrémité par un peu de confusion produite par l'ensemble des rameaux qui se trouvent sur l'aile gauche ; mais, à partir de ce moment, ces rameaux vont être dirigés dans un sens opposé, c'est à dire qu'après la taille générale, cette branche secondaire sera dirigée dans le sens de la mère, en lui faisant décrire une pente assez rapide, comme celle de 75 degrés, et le rameau qui doit constituer la branche de ramification à celui de 65 ou environ. C'est par de pareils procédés, joints à ceux que j'ai développés en traitant de l'équilibre de la sève, que l'on maintient ces branches dans un état de docilité très convenable à la parfaite formation de l'arbre. Si, au contraire, on leur laissait la facilité de s'étendre, elles épuiseraient bientôt la mère-branche. Dans le cas où celle-ci annoncerait quelques symptômes d'épuisement, ce qui se reconnaît à des brûlures sur les écorces, qui produisent des déchiremens et des extravasations de sève, et enfin au peu de vigueur des rameaux que cette branche développerait, il faut préparer son remplacement par la branche secondaire dont je viens de parler, et à laquelle on donnerait un grande extension, afin de ne pas retarder ses jouissances. C'est pourquoi je recommande d'élever cette première branche secondaire par les mêmes principes que la mère-branche, afin qu'elle puisse la remplacer dans le cas où elle viendrait à manquer.

Lorsque ce remplacement sera opéré, la branche de ramification prendra le nom de secondaire, parce qu'elle en tiendra lieu.

Il me reste à dire un mot des branches intermédiaires ; elles sont ainsi nommées en ce qu'elles sont toujours placées dans l'intervalle des branches secondaires. Voyez les lettres OE, même planche. Ces sortes de branches ne sont souvent que provisoires, comme celle qui est représentée. On peut aussi, dans le cas où ces branches paraîtraient disposées à prendre du volume, les utiliser au besoin pour remplacer une branche secondaire qui manquerait de vigueur.

Ce que j'ai dit jusqu'alors a eu pour objet les opérations particulières à la charpente des arbres ; il me reste à parler des branches coursonnes, ou de celles qui doivent en tenir lieu à l'avenir. Comme chacune d'elles offre quelque différence, j'ai cru nécessaire d'en désigner une certaine quantité par une série de numéros qui aideront à saisir les diverses modifications que chacune peut éprouver. Je n'ai pas cru devoir détailler toutes celles qui composent l'ensemble de cet arbre, parce que ce serait répéter ce que je vais dire pour celles qui sont numérotées ; j'ai seulement indiqué par un trait le point où il est nécessaire de tailler les autres.

Avant d'opérer sur un arbre de cette nature, il faut se rendre compte de la vigueur des branches qui en composent la charpente ; et si quelques unes d'entre elles paraissent faibles, on devra porter le plus grand soin à ne leur faire produire qu'une petite quantité de fruits ; c'est ce qu'on appelle *décharger de fruits*.

On est, en général, trop indifférent sur ce principe ; les branches les plus faibles sont toujours celles qui portent les rameaux les mieux préparés à donner une grande quantité de fruits ; mais elles seront épuisées en peu de temps si l'on ne vient pas à leur secours, par une taille sagement combinée. Elle consiste à tailler très long les rameaux à bois, et à réformer un certain nombre de ceux à fruit, en taillant les autres assez court pour leur faire produire de nouveaux rameaux, propres à remplacer ceux qui auront donné une certaine quantité de fruits.

Il n'en est pas de même des branches fortes : les rameaux à fruit peuvent être conservés en plus grande quantité et taillés plus long sans craindre de les épuiser ; au contraire, ils servent à tempérer le trop de vigueur de cette branche ; c'est ce qu'on appelle *charger de fruits.*

Ainsi une branche faible dont un assez grand nombre de rameaux à fruit auront été réformés et les autres taillés à quatre ou cinq yeux peut ne pas se trouver assez déchargée ; au contraire, une branche forte dont les rameaux de même nature auront été conservés en beaucoup plus grand nombre, dont les autres auront été taillés à huit et dix yeux, peut également ne pas être assez chargée ; d'où il résulte que les rameaux, soit à fruit, soit à bois, exigent chacun une attention particulière, ce que je tâcherai de démontrer dans la suite de mes opérations.

Revenons à la *pl. III.* Le n° 1 indique une plaie, résultat de l'amputation d'une branche trop volumineuse, qui menaçait l'existence de l'arbre et particulièrement celle de la sous-mère-branche, parce qu'elle était presque opposée avec elle. Les deux petits rameaux qui se trouvent dans le voisinage de cette plaie proviennent d'un œil inattendu ou plutôt latent placé à la base de cette branche, ce qui en a encore déterminé la suppression, avec le soin de pincer le bourgeon qui se développerait de cet œil, ce qui a été fait. Ces sortes de productions restent sans être taillées, afin que les fruits que la nature y a préparés puissent absorber la sève qui pourrait se porter dans cette partie ; et si quelques uns des yeux qui y sont réunis venaient à prendre du développement, ils seraient également pincés.

Le n° 2 représente une petite branche portant deux rameaux à fruit, l'un du troisième ordre et l'autre du premier. On ne peut rapprocher sur ce dernier, comme cela est indiqué par un trait, parce qu'alors il y aurait à craindre que l'œil terminal fixe ne prît trop d'accroissement, en raison du peu de boutons qui se trouvent à sa base ; c'est pourquoi il est prudent de les conserver tous deux en taillant le rameau du troisième ordre au point indiqué. En le conservant dans la position qu'il occupe, on assurera le développement de l'œil terminal du rameau du premier ordre, mais dans une proportion convenable au remplacement, et non avec le risque de lui voir prendre trop de vigueur.

Le n° 3 indique une branche qui a été taillée en crochet, parce qu'elle portait alors deux rameaux assez vigoureux. Le plus voisin de l'origine de cette branche a été taillé très court, afin d'en obtenir un rameau propre au remplacement, ce qui a eu lieu. L'autre a été taillé très long dans l'espoir d'y faire naître une certaine quantité de fruits, dont on peut encore se rendre compte par les pédoncules attachés sur cette partie de branche épuisée. On y remarque aussi des vestiges de rameaux, qui sont le résultat du pincement qui a été opéré à l'époque où ces rameaux étaient encore à l'état de bourgeons, et de la longueur de quatre à six pouces, dans le but de n'attirer vers cette partie que la sève nécessaire à la production des fruits (1), et de lui permettre de favoriser le développement du rameau du troisième ordre, placé sur la partie taillée en crochet. Ce rameau mérite notre attention ; il faut tâcher d'en obtenir une quantité de fruits combinés avec son volume et la position qu'il occupe. Dans ce but, nous retrancherons de la

____

(1) Cette opération est commune à toutes les branches de cette nature. (Voy. l'article *du Pincement.*)

branche coursonne toute la partie épuisée (1), afin que le peu de sève qu'elle aurait réclamée puisse arriver au rameau qui nous occupe. Mais avant d'entrer dans plus de détails, je dois faire remarquer son origine. Il est dû à une taille faite sur un ou deux des premiers yeux d'un rameau précédent, ainsi qu'à l'opération qui a fait produire des fruits au moyen d'une taille très alongée. L'ensemble de ces deux rameaux attachés à la branche coursonne ressemblait, à cette époque, à un crochet d'où est venu le nom de cette taille ; mais cette forme n'existe plus, puisqu'il ne reste sur cette branche coursonne qu'un rameau taillé, comme on peut le voir sur le cinquième œil, afin d'obtenir une bonne quantité de fruits. Ce rameau aurait pu être taillé plus long de quelques yeux à cause de sa vigueur et de sa position ; mais on n'a pas dû le faire, parce qu'il eût été trop incertain d'assurer le développement des yeux placés à sa base, et destinés au remplacement après la cueillette des fruits ; ce qui est le point important de l'opération.

Le n° 4 représente la première branche secondaire supérieure. Je ne dirai rien des deux rameaux C D, en ce qu'ils sont destinés à la confection de cette branche, ce qui a été assez expliqué précédemment. Je ferai remarquer quatre petits rameaux placés à la base de cette branche au point E. Ces productions sont le résultat de deux rameaux pincés, et que cette opération a fait bifurquer. La bifurcation F G se compose de deux rameaux du second ordre, puisque la plus grande partie de leurs yeux

____

(1) Si le temps le permet, cette opération devra se faire après la cueillette des fruits. (*Observation commune à toutes les branches de cette espèce.*)

sont simples, et que la plupart ont pris le caractère de boutons. Le plus petit de ces rameaux F restera sans être taillé, dans l'espoir d'en obtenir quelques fruits, et d'absorber l'abondance de sève qui est susceptible de se porter dans cette partie.

En supposant que tous les yeux de ce rameau aient pris le caractère de boutons, et que le nombre en paraisse trop considérable, on penserait qu'en pareil cas on pourrait retrancher une partie du rameau. Mais je dois observer qu'il n'en faut rien faire, autrement les boutons restans seraient hors d'état de produire, parce que ce rameau étant, par l'amputation, dépourvu d'œil pour y attirer la sève, ses fruits s'oblitéreraient bientôt et tomberaient avant leur maturité; au contraire, en le laissant entier, l'œil terminal y maintiendra la vie, et les fruits arriveront à une parfaite maturité (1).

Le second rameau G a été taillé sur le troisième œil. Il eût été mieux, si cela avait été possible, de tailler sur le premier, parce que le rameau qui en serait résulté eût été plus avantageusement placé. Mais cet œil ayant pris le caractère de bouton, si l'on eût opéré ainsi, on n'aurait obtenu aucune production.

Le rameau placé au dessous de E n'a subi aucune opération, parce qu'il est disposé de manière à pouvoir donner des fruits et à être remplacé ensuite par l'un des yeux placés à sa base.

Le rameau H peut fournir également du bois et des fruits, ses yeux étant accompagnés de boutons; chaque

____

(1) J'insiste beaucoup sur cette phrase, quoique répétée à satiété : j'ai pensé que, si elle flattait peu nos savans, elle pouvait encore être utile aux personnes pour lesquelles je me fais honneur d'écrire.

œil peut donner naissance à un rameau du troisième ordre. Mais ce n'est pas dans cette vue que je l'ai taillé dans le premier tiers de sa longueur, car tous ses yeux devront être pincés très sévèrement lors de leur développement, pour qu'ils ne puissent attirer que la quantité de sève nécessaire à la nutrition des fruits.

La branche n° 5 a été taillée à un pied de longueur ou environ, dans le but d'en obtenir une très grande quantité de fruits, ce qui a parfaitement réussi. Mais il eût été prudent de pincer les bourgeons placés à la partie supérieure de cette branche, pour les empêcher de se développer et de former des rameaux de la nature de ceux qui sont représentés. Ce manque de précaution aurait pu faire développer cette branche dans des proportions trop considérables, ou empêcher la croissance du rameau I. Cette branche ne se trouve dans la proportion où on la voit qu'en raison de la quantité de fruits qu'elle a portés.

Son état actuel serait très propre à la formation d'une branche intermédiaire ; mais elle serait nuisible à celle n° 4, qui sera inclinée à l'angle de 75 degrés, pour lui laisser suffisamment de place ; la branche n° 5 sera retranchée sur le rameau I, qui, comme on le voit, a été taillé très long sous le rapport du fruit. Le petit rameau bifurqué qui se trouve à la base de cette branche ne diffère en rien de celui n° 1 ; je n'en dirai rien.

Le n° 6 indique une plaie produite par la suppression d'une branche coursonne qui formait probablement confusion.

Le n° 7 offre une branche coursonne très courte, laquelle porte deux rameaux, l'un du troisième ordre et l'autre du premier. Ce petit rameau doit être seul conservé, attendu que la branche coursonne n'est pas assez forte pour les alimenter tous deux. Comme celui du premier ordre est le plus rapproché de l'insertion de cette branche, on a dû le préférer, son œil terminal pouvant donner naissance à un bourgeon capable de constituer un excellent rameau pour l'année suivante

Si ce rameau était, au contraire, du deuxième ordre, comme cela se rencontre quelquefois, il faudrait en faire le sacrifice en ce que la presque totalité des yeux prend le caractère de boutons. Après la maturité des fruits, cette partie pourrait être frappée de stérilité, de pareils rameaux ne pouvant fournir à leur remplacement.

Le n° 8 peut être considéré comme gourmand, en raison de son volume et de sa position. Il est dû à la suppression d'une branche coursonne, à la base de laquelle existait probablement un œil inattendu dont on a voulu profiter pour rajeunir cette branche; ce qui est très avantageux pour toutes celles de cette espèce. Mais pour celle dont il s'agit, il eût été prudent de pincer sévèrement le bourgeon qui s'est développé, afin de l'empêcher de prendre une trop grande croissance. Ce rameau est taillé très court, afin d'arrêter sa vigueur, et on ne devra rien négliger lors du pincement, sans quoi il pourrait se former une tête de saule, très dangereuse pour le bien-être de la mère-branche.

La branche n° 9 offre une bifurcation qui est le résultat de deux rameaux à fruit du troisième ordre, qui ont été taillés outre mesure, dans l'espoir d'obtenir une très grande quantité de fruits, ce qui ne se réalise pas toujours. Mais supposons que ce résultat soit obtenu, la branche en est appauvrie, ainsi que l'indique la figure. On avait eu cependant la précaution de pincer la presque totalité des bourgeons placés à la partie supérieure de cette branche, pour déterminer le développement de ceux placés à sa base ; mais l'art ne peut rien contre la nature ; les fruits abondans qu'elle a portés se sont emparés de toute la sève, et la branche a été mise à deux doigts de sa perte.

Au lieu d'adopter un aussi mauvais raisonnement, il eût été prudent de tailler cette branche en crochet ; c'est à dire que l'un des rameaux aurait été taillé long pour avoir du fruit dans des proportions combinées sur sa force, et l'autre très court, pour faire développer un rameau propre au remplacement. Dans l'état actuel, si l'art ne vient pas prêter à cette branche le secours d'une taille savante, elle périra en peu de temps.

Cependant on pourrait encore, telle qu'elle est, obtenir quelques fruits sur une partie des rameaux supérieurs ; mais la prudence exige que l'on répare les fautes qui ont été commises. Le moyen d'y parvenir est de rapprocher cette branche sur les deux petits rameaux qui se trouvent à sa base, et si chaque œil terminal de ces rameaux paraissait ne pas prendre assez de volume pour former un bourgeon propre à la formation d'un rameau du troisième ordre, lors de la taille en vert, on ferait la réforme du plus éloigné de l'origine de la branche, afin de conserver toute la sève à l'autre.

Dans la *figure* n° 10, on voit que l'ancien rameau porté sur cette branche a été taillé dans une proportion tout à fait convenable, puisque, indépendamment des fruits qu'il a produits, l'un des yeux qui étaient à sa base s'est développé de manière à servir au remplacement. Il faut dire que cet œil, à l'état de bourgeon, a été protégé par le pincement de ceux qui étaient placés au dessus.

Les opérations qu'exige cette branche se réduisent à deux coups de serpette : l'un consiste à faire la réforme de la partie qui a donné du fruit ; l'autre à retrancher les deux tiers ou environ du rameau de remplacement, pour qu'il donne les résultats de son prédécesseur.

Le n° 11 étant en rapport avec le n° 6, j'y renvoie le lecteur.

Le n° 12 offre une branche où l'on voit le résultat de deux rameaux taillés en crochet. Il n'a pas été heureux, parce que la branche coursonne n'était pas assez vigoureuse pour supporter une pareille charge. Il eût été prudent de traiter cette branche comme celle du n° 10 ; ou, au moins, si l'on eût voulu la tailler en crochet, on aurait dû diminuer la longueur du *manche* (si je peux me servir de cette expression) de trois ou quatre pouces, afin de n'avoir qu'une faible quantité de fruits.

Les opérations applicables à cette branche sont celles indiquées pour le n° 9.

Le n° 13 désigne une branche coursonne en très bon état. On voit qu'elle est taillée en crochet ; mais le manche de ce crochet a été taillé énormément long, puisqu'il a environ dix-huit pouces de longueur ; et cela, par une raison que je vais expliquer.

Lors de l'opération, les deux rameaux de cette branche étaient dépourvus de boutons à leur base ; et, pour obtenir des fruits de l'un ou de l'autre, il a fallu en tailler un très long, puisque les boutons ne se trouvaient que vers la partie supérieure ; en même temps j'ai éborgné les yeux dépourvus de boutons, pour que la sève ne fût pas attirée dans cette partie, qui aurait pu se développer ; l'autre rameau a été taillé sur les deux premiers yeux, et l'on en voit le résultat.

Il s'agit maintenant d'opérer cette branche. On fera d'abord la réforme de la partie dénuée de rameaux, pour que la séve qu'elle consomme passe au profit de la branche qui alimente les deux rameaux qui, comme on peut le voir, seront également taillés en crochet. Cette branche pourra à l'avenir avoir une autre destination, en ce qu'elle se trouve dans une situation propre à la formation de la deuxième branche secondaire supérieure. Mais il ne faut pas se presser, attendu que plusieurs branches de cette nature pourraient nuire au prolongement de la mère-branche, et qu'il est assez temps de les multiplier lorsque la séve refusera d'alimenter son extrémité.

Le n° 14 représente une branche, résultat d'un rameau taillé extrêmement long. On eût dû le réduire de plus de moitié, afin d'exciter le développement des yeux placés à sa base, pour en obtenir un ou deux rameaux de remplacement. On a pu remarquer que c'était toujours là le point capital du travail de la taille ; aussi je répéterai ce que j'ai déjà dit en parlant des branches et rameaux de la charpente : si vos connaissances ne vous permettent pas d'apprécier avec exactitude l'état positif du rameau que vous opérez, *taillez plutôt un peu court que long* ; si, par ce procédé, vous vous privez de quelques jouissances actuelles, vous en serez dédommagé plus tard.

L'opération qu'exige cette branche est d'en faire le rapprochement sur l'un des rameaux placés à sa base, et si le hasard voulait qu'il se trouvât dans cette partie un œil inattendu, il faudrait employer toutes les ressources de l'art pour le faire développer, en sacrifiant même les fruits.

Nous voyons que le n° 15 est une branche coursonne un peu longue et dénudée de rameaux. Elle porte l'empreinte de deux opérations, qui, chacune, ont produit le rapprochement dans les années précédentes ; un troisième va avoir lieu par la suppression de la partie qui a produit des fruits. Cette branche est assez forte, puisque, indépendamment des fruits qu'elle a donnés, on voit qu'il s'est développé deux excellens rameaux à fruit du troisième ordre. Un seul de ces rameaux sera retranché en même temps que la partie épuisée, et l'autre taillé un peu court, afin de retenir la sève au profit du petit rameau placé à la base de cette branche, et d'exciter le développement de son œil terminal, pour en obtenir un rameau de troisième ordre capable de remplacer toute cette partie.

Le n° 16 représente une branche coursonne très vigoureuse taillée en crochet. Il y avait à craindre qu'elle ne prît trop de développement, ce qui serait arrivé si on ne lui avait laissé qu'une petite quantité de fruits ; mais cet inconvénient a été prévu, et l'on a taillé un de ses rameaux très long, pour que les fruits qu'il conserverait pussent atténuer sa trop grande vigueur ; on a eu aussi grand soin de pincer tous les bourgeons naissant sur cette partie, afin d'être plus sûr d'atteindre le but proposé. Tout cela a réussi, parce que cette branche a été privée d'une grande partie des organes nécessaires à son développement, et qu'elle n'a conservé que quelques feuilles éparses, mais indispensables à la croissance des fruits. Le rameau à fruit du troisième ordre est le résultat du crochet établi à la base de cette branche. Lors de l'ébourgeonnage, on eût pu laisser sur cette partie deux rameaux semblables à celui du n° 13 ; mais on eût excité son développement, ce qu'il fallait éviter par toute sorte de moyens, d'autant plus qu'elle se trouve, pour ainsi dire, opposée à une branche secondaire inférieure. Toutes ces opérations ont rendu cette branche plus docile, parce que son écorce est devenue plus ligneuse et par conséquent moins susceptible de se dilater par l'affluence de la sève. Le travail à faire sur cette branche est marqué par un trait, ce qui me dispensera d'entrer dans plus de détails.

Le n° 17 représente une branche coursonne peu vigoureuse, qui, comme on peut le voir, a été chargée d'une certaine quantité de fruits. Malgré cela, elle a donné naissance à deux rameaux en assez bon état. Après avoir réformé la partie qui a donné du fruit, on taillera le plus grand de ces rameaux sur deux yeux, afin d'exciter le développement de l'œil terminal du plus petit, et en obtenir un rameau de remplacement.

Le n° 18 offre le résultat d'un rameau taillé très court, parce qu'il semblait menacer l'existence de la branche-mère. Ce rameau a pu d'abord être considéré comme gourmand, c'est pourquoi on l'a taillé au point de sa naissance, en ne lui conservant, pour ainsi dire, que sa couronne, afin de diminuer sa vigueur. On a eu soin aussi de pincer sévèrement les bourgeons qui se sont présentés sur cette partie, afin d'empêcher leur développement. On voit que cette opération a donné lieu à plusieurs ramifications, et on peut juger ce qu'il faut y faire pour obtenir des fruits. Si, pendant le cours de la sève, quelques uns des yeux placés sur ces différens rameaux venaient à se développer avec trop de force, on aurait soin de les pincer ; mais il est probable qu'on en sera dispensé par la quantité de fruits qui s'y trouvent, qui suffira sans doute pour diminuer cette vigueur.

Le n° 19 offre une branche qui a été taillée en proportion de sa vigueur; néanmoins elle offre à sa base un empâtement assez considérable, qui, joint à ce qu'elle est elle-même assez renflée, donne lieu de craindre que son accroissement augmente encore. Il est vrai qu'il serait facile de diminuer sa vigueur, en employant les différens moyens que j'ai indiqués à cet effet; mais il serait fâcheux de dépouiller cette branche de la plupart des organes dont elle est munie, ce qui détruirait les fruits qui y sont naturellement disposés : ce sont ces derniers qu'il faut employer pour arrêter son trop grand développement. Pour cela, on conservera tous les petits rameaux capables de porter fruit. Le plus vigoureux, qui se trouve placé près de l'insertion de cette branche, sera taillé sur les premiers yeux, afin de servir au remplacement de la partie qui sera réformée après la cueillette.

Le n° 20 indique une branche coursonne qui est sur le point de se trouver dépourvue de rameaux, dans une longueur d'à peu près six pouces, ce qui est un très grand inconvénient, qu'il faut tenter de réparer, en taillant très court le rameau qu'elle porte, afin que la sève qui séjourne dans cette branche puisse déterminer la sortie de quelques yeux latens qui pourraient se trouver à sa base. S'il en sortait un, on en profiterait, aussitôt qu'il serait apparent, pour rapprocher la branche sur cette nouvelle production, ce qui se pratique le plus souvent à la taille en vert.

Le n° 21 représente un rameau à fruit du troisième ordre, qui est en très bon état; ce rameau ne sera pas taillé très long, ainsi qu'on peut le remarquer, dans la

crainte qu'il vienne à s'emporter en raison du petit coude.
sur lequel il se trouve placé.

Le n° 22 représente un rameau dont on a trop retardé
le pincement, puisque le but proposé ne s'est réalisé que
superficiellement, en ce qu'il y a trop de développement
dans cette partie ; ce qui a mis dans le cas de renouve-
ler la même opération, mais encore trop tard (1), et
l'on n'a pu réparer les défauts de ce rameau. C'est pourquoi on devra le tailler avec beaucoup de soins, pour lui
laisser peu d'organes propres à son développement. Si
l'on peut y faire naître une certaine quantité de fruits,
ce sera une garantie sûre de l'opération, en ce qu'ils
serviront à absorber la surabondance de la sève.

Les deux rameaux 23 et 24 resteront sans être taillés
parce qu'ils ne portent que peu d'organes nécessaires à
leur développement, puisque la plus grande partie des
yeux ont pris le caractère de boutons.

Quant aux rameaux chargés de continuer le prolongement de la mère-branche et autres, je crois en avoir
suffisamment parlé pour me dispenser de décrire ici leurs
caractères et les principes de la taille qu'ils doivent recevoir, d'autant plus que chacune d'elles est marquée par
un trait.

J'ai cru devoir terminer ici les détails des opérations à
faire sur l'arbre de la *pl. III*, parce que toutes celles qui
restent à décrire ont déjà été expliquées. Je ferai seulement remarquer une branche secondaire épuisée, placée

(1) Ces fausses opérations ont fait dire à quelques auteurs que le
pincement était inutile, et souvent nuisible, en ce qu'il fait naître
souvent d'autres bourgeons qui ne font qu'accroître le développement de la partie opérée. Il est vrai que l'on ne peut être trop exact
sur cette opération. (Voy. *Pincement.*)

inférieurement à la sous-mère-branche, n° 26. Il aurait fallu prévenir cet affaiblissement par une taille très modérée. Il est vrai que l'on a prévu que cette branche était sur le point de devenir inutile, en raison de sa posi t n ; mais il eût été mieux d'entretenir sa vigueur, en cherchant à ne lui faire porter qu'une petite quantité de fruits. La conséquence de ce principe est que si cette branche fût restée vigoureuse, sa suppression eût été d'un grand secours à celle qui l'alimente, en lui rendant une certaine quantité de sève nécessaire à sa prospérité ; ce qui ne peut plus être fait, puisqu'elle est déjà trop faible pour se suffire.

Cette branche devra être supprimée dans presque toute sa longueur, comme le seul moyen de la raviver un peu.

Remarquons encore un rameau très vigoureux placé à la base de la sous-mère-branche, n° 27. Ce rameau ne sera pas taillé pour qu'il prenne encore plus de développement, ce qui est à espérer, son extrémité étant bien charnue, et garnie d'yeux prononcés.

Toutes les fois que de tels rameaux se présentent, l'on devra apporter le plus grand soin à leur conservation, afin de les utiliser pour la formation d'une branche secondaire, capable ensuite de servir, au besoin, au remplacement de la sous-mère.

Tout ce que j'ai dit jusqu'à présent des opérations relatives au pêcher convient parfaitement à tous les arbres de cette nature qui ont été dirigés par une main habile. Mais il n'en est pas de même à l'égard de ceux qui ont perdu leur forme, ou qui, pour mieux dire, n'en ont jamais eu, ce que je remarque assez souvent dans les jardins où je suis appelé pour leur restauration.

Cependant de tels arbres ne doivent pas être jetés au feu, et toutes les fois qu'il leur reste de la vigueur, on doit essayer de les rétablir. Pour cela on cherche à obtenir une certaine quantité de fruits sur le peu de rameaux capables d'en donner (1), car ils sont toujours peu nombreux, n'étant alimentés que par des branches grêles et dépourvues elles-mêmes de toute production dans la longueur de plusieurs pieds. On pense bien que, dans le nombre de ces branches, il en est beaucoup qui se trouvent épuisées sans ressource. Elles forment, en général, beaucoup de confusion, aussi doit-on les réformer, afin que le peu de sève qu'elles absorbent puisse arriver aux rameaux réservés, qui, lorsqu'ils sont à bois, doivent être taillés très long, ou conservés entiers, afin d'employer la sève qui s'y portera.

Ces rameaux seront espacés convenablement, afin que par leur ensemble ils puissent se rapprocher, autant que possible, de la figure que j'ai donnée.

Si deux rameaux à bois se présentaient sur le tronc ou dans son voisinage, on y trouverait un moyen plus sûr d'arriver à cette forme. Ces deux rameaux à bois seraient considérés comme les deux mères-branches d'un arbre naissant, auquel on appliquerait pendant tout le temps de sa formation les principes déjà indiqués.

On taillera les anciennes branches réservées dans la proportion de leur vigueur, en cherchant à en obtenir le plus de fruits possible sans égard pour leur conservation, c'est à dire que la plus grande quantité de rameaux ré-

---

(1) Les rameaux à fruit du deuxième ordre, qui, en général, se trouvent en grand nombre sur de tels arbres, doivent être tous réformés, ainsi que les branches qui les alimentent, étant considérées comme branches épuisées.

servés sur ces branches seront taillés en toute perte, dans la vue d'épuiser toutes ces parties, afin de faire place à celles qui sont disposées à les remplacer. Le reste des opérations aura lieu suivant les principes que j'ai donnés précédemment.

Telles sont les règles applicables à la taille du pêcher en éventail, comme étant la seule forme qui lui convient, quoi qu'en disent quelques personnes, qui prétendent que l'on peut lui faire prendre toute espèce de formes. Cela est vrai jusqu'à un certain point; mais la plupart de toutes ces formes bizarres ne leur laissent qu'une existence momentanée, en comparaison de ce qu'ils pourraient vivre dirigés en éventail. Il est vrai aussi que l'exposition favorable et un terrain riche en qualités convenables peuvent influer d'une manière remarquable sur la longévité. On voit encore dans d'anciens jardins plusieurs pêchers taillés en palmette, par des mains assez peu habiles, et qui cependant existent depuis plus de soixante ans. Ce n'est pas que j'attribue cette longue existence à la forme en palmette, mais bien à la bonté du terrain dans lequel vivent les racines.

Il existe auprès de Poissy, entre Villennes et Médan (1), une vallée située à l'est, parfaitement garantie des vents d'ouest par un coteau couronné d'arbres de diverses essences; on y trouve une foule de pêchers, connus dans le canton sous les noms de la *petite rouge* (notre petite mignonne); la *grosse rouge* (notre grosse mignonne); la *petite blonde* (notre chevreuse); la *grosse blonde* (notre bourdine). Ces quatre espèces sont greffées rez terre sur amandiers, produits d'amandes semées en place. Ces

____

(1) Seine-et-Oise.

arbres ne sont jamais taillés, et donnent abondamment des fruits de première qualité à la troisième année; productions qui se succèdent pendant quarante ou cinquante ans. Ces arbres prennent un volume considérable; en 1825, j'en ai mesuré dont le tronc avait trois pieds de circonférence, et qui ne présentaient cependant aucun indice de vétusté (1). Je ne doute pas qu'on puisse trouver, au centre de la France, beaucoup de localités où l'on obtiendrait de semblables résultats. M. Lelieur, dans sa *Pomone française*, cite, sous ce rapport, Corbeil, Bris, Melun, Thomery, où il dit avoir vu des pêchers francs de pied. J'ai comparé aux espèces que je viens de citer, l'espèce acerbe et de peu de qualité, connue sous la dénomination de *pêche de vigne*; je pense qu'il y aurait un grand avantage à la remplacer par les premières, qui, élevées de la même manière, deviendraient, comme à Villennes, un objet de spéculation important. Il n'est pas rare d'y voir des propriétaires qui, dans des années d'abondance, tirent 4 ou 5,000 francs de leurs pêchers; c'est au point enfin que la culture des vignes dans lesquelles croissent ces pêchers est, pour ainsi dire, abandonnée et toujours sacrifiée au profit de ces arbres.

Je terminerai enfin par une dernière recommandation; c'est que les pêchers que l'on cultive en espalier devront être débarrassés de toutes leurs attaches aussitôt la chute de leurs feuilles; par suite de cette opération, on aura la précaution d'interposer, entre le mur et les branches charpentières, des bouchons de paille ou autre corps d'un à deux pouces d'épaisseur, et à des distances réglées par le

(1) Je suis allé visiter ce beau vallon en juillet 1830, et ma surprise fut grande, en voyant que tous les plus beaux et les plus anciens étaient détruits par l'hiver qui a précédé cette époque.

besoin ; à chacun de ces points, on aura le soin de
faire une attache qui aura pour but de fixer plus intime-
ment les tampons et maintenir les branches à la distance du mur dont il vient d'être parlé plus haut :
pendant la première quinzaine de janvier, on retirera
les tampons pour fixer ces branches aussi près du mur que
possible , afin de les protéger contre les frimas qui
peuvent subvenir lors du commencement de la végétation ; quant à toutes celles qui leur sont adhérentes , ils
peuvent attendre le moment de la taille pour être
attachés.

§ II. Taille en éventail sur abricotier.

La création des branches qui constituent la charpente des
abricotiers s'opère par les mêmes principes que ceux que
j'ai décrits pour le pêcher ; seulement les branches secondaires devront être plus rapprochées puisque leur espacement sur les branches-mères ne devra être que de quinze à
vingt pouces, afin qu'étant inclinées l'une sur l'autre ,
elles soient encore éloignées de huit à dix pouces. Elles
ne devront avoir que peu ou point de bifurcations ; et
on ne devra chercher à protéger ces branches que dans la
partie inférieure, jusqu'à ce que les mères-branches soient
arrivées sous le chaperon et décrivent une pente de 50 degrés (1). Dès lors on choisira une branche coursonne
supérieure sur l'une des ailes, et l'on fera en sorte
qu'une autre lui corresponde à l'autre aile ; ces deux
branches seront transformées en branches secondaires ,
en leur donnant un peu d'extension , pour pouvoir les

(1) Voyez la figure du poirier, *pl. IV*, dont la charpente des abricotiers et pruniers, ne diffère qu'en ce que les branches secondaires sont un peu plus éloignées que dans celle-ci, ce qui fait que
je n'ai point dessiné de figures pour ces derniers.

conduire comme je l'ai dit pour la formation des mères-
branches du pêcher.

Quant aux branches coursonnes, les opérations qu'elles
nécessitent ne ressemblent en rien à celles qui ont lieu
sur le pêcher. On est rarement obligé de veiller à leur
remplacement; la nature y pourvoit le plus souvent.
Cependant ces branches recevront des rapprochemens ou
d'hiver ou d'été, comme je l'ai indiqué en parlant du
pincement, afin de chercher à ce que chacune d'elles soit
aussi courte que possible. Mais il est rare que l'on soit em-
barrassé pour cette opération, parce que, dans le cas où
plusieurs de ces branches se trouveraient trop longues ou
même épuisées sans ressource, il suffira de les rapprocher près de leurs couronnes, dans lesquelles il se trouvera quelque œil inattendu, qui se développera bientôt
et donnera naissance à plusieurs bourgeons; parmi eux
on en choisira un pour reproduire chacune d'elles. Il arrive cependant que, lorsque les branches qui composent
la charpente prennent de l'âge ou un trop gros volume,
les branches coursonnes ne veulent plus se reproduire;
ce qui force quelquefois à receper ces arbres, opération
dont ils s'accommodent assez bien, et qui les rétablit
promptement. En faisant aux abricotiers l'application
des principes que j'ai posés pour le pêcher, je suis dispensé d'entrer dans de plus longs détails.

§ III. Taille en éventail sur prunier.

Cette taille ne diffère de celle pour abricotiers que
parce que les branches coursonnes durent peu de temps
et ne se reproduisent que très rarement; aussi le centre
des arbres conduits ainsi se dégarnit promptement.
Cette forme n'est en usage que pour un petit nombre

d'espèces ou variétés que l'on peut réduire aux suivantes: savoir la *prune-pêche*, la *mirabelle*, la *reine-claude ordinaire* et la *violette*. Cette dernière surtout se montre la plus docile, ses branches coursonnes sont plus trapues et se maintiennent le plus long-temps en santé. Du reste, les trois premières espèces doivent avoir la préférence, sous le rapport de la précocité; on peut donc en planter quelques pieds en plein midi, surtout dans les pays froids, où les brouillards et les gelées tardives peuvent détruire trop souvent la récolte des arbres en plein vent.

Je ne répéterai pas ce que j'ai dit en parlant de l'abricotier, et qui est applicable aux pruniers; je ferai remarquer seulement que, dans un terrain également convenable à ces deux genres d'arbres, le prunier pousse avec plus de vigueur; les rameaux disposés au prolongement des branches secondaires devront être alors taillés beaucoup plus long, et, dans beaucoup d'occasions, on pourra même les laisser entiers. On peut aussi receper le prunier comme l'abricotier.

§ IV. Taille en éventail sur cerisier.

Cette taille n'est en usage que pour quelques espèces des plus hâtives. La *cerise hâtive d'Angleterre* est presque la seule que l'on cultive ainsi à l'exposition du midi, où elle donne des résultats satisfaisans, pourvu, toutefois, que la terre soit de nature convenable. On pourrait employer plus fréquemment cette forme à l'égard de quelques espèces tardives à l'exposition du nord.

Les opérations applicables à cet arbre sont simples : elles consistent à l'établir sur quatre branches par les procédés indiqués pour le pêcher; ensuite les branches secondaires, selon la figure du poirier, *pl. IV*, mais plus rapprochées l'une de l'autre. Pour les obtenir ainsi, les mères-branches devront être taillées assez court, ensuite les branches secondaires ne devront être *éboutées* que dans le cas où elles paraîtraient devoir dominer celles du même genre qui, pour la plupart, resteront sans être taillées. Ces arbres, bien palissés, sont d'une élégance admirable. Pendant l'été, on pincera avec soin tous les bourgeons qui se trouveraient sur le dessus des branches charpentières, et qui paraîtraient devoir les dominer; il en sera de même de ceux qui poussent en avant. Si cette opération était faite trop tard, il faudrait ébourgeonner, comme je l'ai indiqué pour le poirier et le pommier, mais sans attendre que les bourgeons aient pris le caractère des rameaux. Enfin le palissage fixera tous les bourgeons réservés pour le prolongement de chacune des branches.

§ V. Taille en éventail sur poirier.

Avant de parler de la taille des poiriers, je dois dire un mot de leur plantation (1), sans cependant traiter de la nature des terres la plus convenable, ces connaissances étant familières à toutes les personnes qui s'occupent de culture. De plus on tient à avoir des poiriers dans tous les terrains, ce qui nécessite souvent des dépenses assez considérables causées par les transports ou les défonçages de terres que l'on est quelquefois obligé de faire pour suppléer à la mauvaise qualité du sol. Mais, dans le cas où l'on serait forcé d'employer l'un ou l'autre de ces procédés, je conseillerais comme moyen favorable de faire des tranchées longitudinales, de manière que les racines des

---

(1) Ce qui va être dit ici à ce sujet est applicable à tous les autres genres d'arbres.

arbres que l'on se propose de planter pussent se communi-
quer sans se nuire. Les trous que l'on fait ordinairement
n'ont pas cet avantage, quand ils seraient même d'une
dimension démesurée. On devra donc toujours préférer
des tranchées, dussent-elles être étroites et peu profondes;
du reste, l'exploitation, au moyen des trous, est toujours plus difficile à effectuer. C'est au propriétaire à
calculer, en remarquant toutefois qu'il n'y a point d'é-
conomie à faire dans la plantation des arbres soumis à la
culture jardinière, et pour une partie de ceux qui appartiennent à l'économie rurale. Aussi le savant Thoüin, lors
de ses leçons pratiques, recommandait à ses nombreux
auditeurs de planter *richement*, c'est à dire que, lorsque
l'on destine un terrain à recevoir tel ou tel arbre, on doit
porter ses soins, non seulement sur l'opération présente,
mais encore réfléchir aux résultats futurs. Ainsi les arbres
devront toujours être jeunes, ou au moins vigoureux et
bien arrachés.

Le mode de plantation n'est pas non plus sans importance, quoique la plupart de nos agronomes donnent à
ce sujet un précepte dont il est difficile de s'écarter, et
qui est de ne jamais enterrer le point où la greffe a été
faite. Cependant, je n'admets ce précepte que pour des
cas particuliers, et que je vais expliquer.

Dans les terrains secs, on devra maintenir le point
de la greffe à un pouce et demi à deux pouces au dessous du niveau du sol, afin de pouvoir former un auget
de cette profondeur, qui découvrira la greffe. Dans les
terres froides et humides, il est nécessaire d'agir d'une
manière opposée, afin que la greffe soit de deux pouces
et plus au dessus du niveau de la terre, ce qui nécessite quelquefois une espèce de butte pour couvrir les

racines de quelques genres d'arbres qui se trouvent près de la greffe. D'après cela, on peut conclure que, pour les arbres qui seront plantés dans un sol tenant le milieu entre ces deux extrêmes, la greffe devra être au niveau du terrain (1). Les poiriers destinés à former des éventails sont plantés auprès des murs pour y être fixés par les moyens connus.

Les espèces le plus généralement employées pour être mises en espalier le long des murs sont le *bon-chrétien d'hiver*, le *colmar et variétés*, *la marquise*, *la rayul d'hiver*, plusieurs espèces de *beurré*, *le saint-germain*, les différentes espèces de *doyenné*, *bezi de la Motte*, *bezi Chaumontel*, *virgouleuse*, *crassane*, *bergamote de Hollande*, la poire *Sageret*, et celle de *Léon Lecière*, *la fortunée*, etc. L'exposition la plus chaude devra être réservée pour le bon-chrétien d'hiver, comme étant la seule qui lui convienne dans le nord et le centre de la France. Les autres espèces que je viens de citer s'accommoderont d'autant mieux des autres positions, que le terrain sera d'une bonne nature. Parmi ces espèces, celles qui peuvent résister au nord et au couchant et donner encore quelques produits utiles sont *le saint-germain*, *la crassane*, *le beurré gris d'Amboise*, *le beurré d'Iel*, *ou magnifique*, *le beurré d'Aremberg* et *la virgouleuse*. Cette dernière ne peut occuper d'autres positions sans être exposée à de grandes avaries; on peut ajouter au nombre que je viens d'indiquer la plus grande partie des espèces hâtives. On peut aussi cultiver des poiriers en

(1) On devra prendre en considération l'affaissement du terrain, qui sera plus ou moins considérable en raison de sa nature et de la quantité remuée.

éventail le long des plates-bandes qui entourent les carrés. Pour cet effet, ils seront fixés sur des treillages qui devront être maintenus avec des pieux en acacia, *Robinia pseudo-acacia*, si cela est possible, parce qu'ils durent quatre ou cinq fois plus que ceux faits même en chêne.

Avant d'entrer en matière, je ferai remarquer le poirier figuré *pl. IV*; cette figure représente la onzième taille sur un sujet qui a reçu deux greffes.

Je n'ai pas cru devoir figurer tous les exemples précédens, parce que je n'aurais fait que répéter, à quelques modifications près, ce qui a été dit pour le pêcher; je pense que le lecteur pourra facilement s'en rendre compte sans autre secours.

Cet arbre, vigoureux jusqu'alors, n'a encore éprouvé que des avaries peu sensibles, et qui n'ont apporté aucun obstacle à sa formation. Ici, comme dans le pêcher, il faut s'occuper avec soin des mères-branches et sous-mères, ainsi que de l'importance des branches secondaires placées inférieurement, et appliquer à la pratique la théorie que j'ai précédemment exposée. La seule différence est dans le rapprochement des branches secondaires qui sont placées sur leurs mères à la distance d'un pied ou environ; de manière qu'étant inclinées, comme l'indique la figure, elles n'ont plus qu'un espacement de six pouces environ, ce qui suffit pour le développement des branches à fruit dont chacune d'elles se trouve garnie.

Maintenant, je vais exposer succinctement la marche progressive de chacune des tailles appliquées à cet arbre, en admettant que la suppression de la tige ne doit pas faire partie de la taille, parce que cet arbre a reçu deux écussons opposés qui ont formé le point de départ. La première taille a eu lieu, comme on peut le voir, à cinq pouces du tronc ; elle a donné naissance à la sous-mère branche L, et à la continuation de la branche E (1). La seconde taille a eu lieu sur chacune d'elles, et on remarque que la mère-branche a été taillée assez court, afin de lui laisser peu d'organes propres à attirer la sève. Indépendamment de cette taille, on a eu l'attention de ne pas lui laisser de bifurcation. Il n'en est pas de même de la sous-mère, qui, comme on peut le voir, a été taillée un peu long dans le but d'avoir une plus grande quantité d'yeux propres à attirer la sève. On voit qu'un de ces yeux a été disposé pour donner naissance à la branche secondaire inférieure S.

Il est probable qu'au moment de la troisième taille on a trouvé que l'arbre n'avait poussé que faiblement, ou, dans l'intention de donner plus de développement à la branche S, on a fait enfin cette troisième taille assez court. Néanmoins on a cherché, en même temps, à obtenir, sur la mère-branche, la première branche secondaire inférieure, dont la réforme a eu lieu depuis, ainsi qu'on peut le voir. La sous-mère a été taillée dans la vue seulement de la continuer, ce qui a aussi déterminé le développement complet de la branche secondaire S. Cette branche, comme toutes celles de ce genre qui sont représentées graduellement, a été taillée chaque année de manière à ce que tous les yeux qui s'y trouveront puissent se développer pour former des dards et des brindilles, afin que chacun de ces produits puisse se couronner par un bouton, et, par suite, former des branches à fruit. Les différens moyens d'obtenir ce résultat seront développés en parlant de la onzième taille.

____

(1) De même ici je ne parle que d'un côté de l'arbre, chaque aile devant être uniforme.

La quatrième taille sur la mère-branche et sur la sous-mère a été établie assez près de la troisième, dans la vue de fortifier l'arbre dans toutes ses parties, et de donner naissance aux deux branches K et R, qui se sont développées d'autant plus vigoureusement que la sève a été jusqu'à ce jour assez concentrée. On voit aussi combien la sous-mère branche a pris d'ascendant sur la mère, mais il sera toujours temps de lui retirer cette prépondérance par l'effet de l'angle qu'elle occupe dans ce moment.

Comme il est probable que l'arbre était vigoureux lors de la cinquième taille, c'est à dire que la plus grande partie des rameaux terminaux de chacune des branches avait la longueur de trois pieds ou environ, on a pu l'établir à douze ou quatorze pouces ou environ de la quatrième ; ce qui a donné lieu aux deuxièmes branches secondaires J et Q.

La sixième taille a été faite assez court, comme on peut le voir, sur la mère-branche, et sans chercher à la bifurquer. Il est à supposer que la branche secondaire J n'avait pas pris alors le développement désiré, et qu'il eût été imprudent d'attirer la sève dans la mère-branche. C'est en la taillant court, comme on peut le voir, que l'on est parvenu à déterminer la sève à passer dans la branche J. Il est vrai que celle-ci a été taillée long pour développer une assez grande quantité d'yeux capables d'attirer la sève. On a de plus incisé l'écorce dans le voisinage de son insertion, et en dessous, afin de la détendre et de donner un libre cours à la sève.

Quant à la sous-mère-branche, on a opéré la sixième taille dans le but d'obtenir le prolongement de cette branche et la naissance d'une branche secondaire in-

férieure, qui a été ensuite réformée pour diminuer
la confusion qui se faisait remarquer parmi ces différentes branches ; car il est nécessaire de laisser un peu
plus d'espace dans cette partie que sur celles du même
genre appartenant à la mère-branche.

La septième taille ne diffère en rien des huitième et
neuvième. Chacune d'elles a donné naissance à des
branches secondaires, dont celles de la branche sous-
mère sont un peu moins vigoureuses que celles de la
mère-branche : c'est pourquoi, en opérant chacune
de ces branches en particulier, on diminue les branches
à fruit sur celles qui sont faibles, et on s'efforce d'en
faire naître une grande quantité sur celles qui sont
vigoureuses. Je reviendrai sur ce sujet en parlant de la
dernière taille.

Il nous importe de bien connaître les résultats de
la dixième taille, avant de nous occuper de l'application
de la onzième. Nous devons d'abord considérer l'arbre
dans son ensemble, en nous rendant compte de l'état
de sa végétation, pour reconnaître si nous devons
avoir recours à quelques uns des moyens que j'ai indiqués pour équilibrer la sève ; ensuite nous exami-
nerons chaque branche en particulier.

La mère-branche E est la première qui va fixer
notre attention. Nous remarquons que la dixième taille
a donné naissance à un rameau très propre à la continuation de cette branche, et un second convenable
pour former la branche secondaire F. Elle a également
produit plusieurs autres rameaux, dont l'un inférieur
a été coupé, lors du palissage, à trois pouces ou environ de sa naissance, afin d'éviter la confusion qu'il

aurait occasionée. Je ferai aussi remarquer une plaie
un peu au dessus de ce point et en sens opposé. C'est le
résultat de l'amputation d'un bourgeon qui paraissait
devoir s'opposer à la croissance du rameau F. Si le
bourgeon dont je parle eût été pincé comme celui placé
au dessous, ou plus sévèrement encore, on n'eût pas
été obligé d'en faire l'amputation, et il aurait pu former une branche à fruit utile, ainsi qu'il en a été de
celui qui est au dessous. Plus bas, et dans le même sens, on
remarque une autre production qui est aussi le résultat
d'un pincement fait à propos, et qui a donné naissance
à deux petits dards propres à établir une branche à fruit.
Plus bas encore on remarque un autre rameau encore
peu vigoureux ; mais si l'on fait attention à son empatement sur la mère-branche, on peut dès lors juger
qu'il en menacera l'existence. C'est pourquoi il faut le
tailler court et avoir soin de pincer sévèrement les bourgeons qui pourraient y croître. Ce rameau aurait dû être
pincé lorsqu'il était encore à l'état de bourgeon de la
longueur de trois à quatre pouces.

Il reste à opérer les deux rameaux E F. Ce dernier a
été taillé un peu long, dans la vue d'assurer son parfait
développement ; l'œil terminal étant placé devant,
le succès en sera encore plus certain. Le rameau E a
été taillé assez court pour appuyer le premier moyen.
Cette opération empêchera que l'œil destiné à la création
d'une branche secondaire, semblable à celle déjà formée, ne puisse se trouver placé à une distance aussi régulière que celles qui sont représentées. Les deux petits
rameaux, placés au dessous de celui F, resteront sans
être taillés, dans la vue d'en faire des branches à fruit ;

mais le plus fort ne peut être considéré comme brindille ou lambourde : on éborgnera l'œil terminal, afin
que la sève soit retenue au profit des yeux latéraux.

Quant à la branche G, on peut supposer qu'elle
a été taillée un peu court, attendu que le rameau
propre à sa continuation est très vigoureux, quoiqu'il
se soit accru en dessous ; il est vrai que la réforme de
deux bourgeons dont on voit encore la cicatrice de l'un
en dessous, et le pincement de deux autres plus bas,
peut avoir contribué à cette vigueur. Si l'on peut parvenir à faire croître sur cette branche plusieurs dards
et brindilles, on aura grand soin de les conserver,
afin que les fruits qu'ils donneront puissent absorber
la surabondance de sève. Le rameau destiné à la prolongation de cette branche a été taillé assez long, dans
la vue d'arriver plus vite à ce résultat.

La branche H est d'une constitution faible ; aussi l'a-
t-on taillée un peu long sur un œil placé dessus, dans
l'intention de lui donner de la vigueur ; mais il faudra
prendre garde d'y laisser croître une trop grande quantité de rameaux et branches à fruit ; il serait même
prudent de diminuer déjà la longueur de ceux qui
existent. Cependant, comme cette branche est alimen-
tée par la mère-branche qui est vigoureuse, on ne doit
pas craindre son affaiblissement, et l'on peut y laisser,
pour le moment, tout ce qui a été réservé par la taille.

On voit que la branche I est dans un état parfait de
végétation ; seulement le rameau terminal de cette
branche est en dessus, ce qu'on aurait dû éviter. Mais
il a pu arriver que l'œil qui avait été choisi à cet effet
ait éprouvé quelque avarie, comme celui de la branche
P, ce qui aura forcé, lors du pincement ou de l'ébour-

geonnage, de se reporter sur celui qui existe dans le moment. Comme ce rameau offre un petit coude assez désagréable, et que celui qui est placé inférieurement, quoique faible, peut le remplacer, on réforme le plus fort, et pour faciliter le développement du second on le laisse entier. Il est vrai que l'on s'expose à ce que plusieurs de ces yeux restent latens, ou s'annulent complètement ; mais comme la suppression proposée donnera à ce rameau une assez grande quantité de sève, il y a lieu d'espérer que l'annulement des yeux ne sera que partiel. On voit, sur la partie supérieure de cette branche, que plusieurs pincemens ont été opérés, et ont donné des résultats satisfaisans. Aucune des branches à fruit, placée sur celle-ci, n'éprouvera de diminution ; un petit rameau placé inférieurement est le seul qui sera taillé sur les deux premiers yeux, avec la précaution d'éventer le terminal pour qu'il ne prenne que peu de développement.

La branche J est de même dans un état parfait de végétation, mais chargée d'une infinité de boutons vigoureux. Il est prudent de faire la réforme de quelques uns, non pas précisément dans la crainte d'affaiblir la branche en les laissant, mais bien pour se réserver des boutons l'année prochaine. Ce n'est pas toujours la grande quantité de ces produits qui donne le plus de fruits, ce qui semble justifié par l'axiome *la grande bande rend les étourneaux maigres*. En effet, si un arbre en bon état a un trop grand nombre de boutons, il s'épuise pendant la floraison, et si la moindre circonstance défavorable survient, on voit tomber tous les fruits ; ce qui n'aurait pas eu lieu si on avait supprimé un certain nombre de boutons. Il est difficile de déterminer dans quelle proportion ces boutons doivent être conservés; l'opération dépend toujours de la vigueur de l'arbre en général, et de celle de la branche en particulier. On peut cependant établir des données approximatives. On sait que chaque bouton contient de six à dix fleurs, terme moyen, et comme il est prudent d'avoir plus de fleurs que l'on ne doit espérer de fruits, on devra laisser autant de boutons sur une partie, que l'on suppose qu'elle peut porter de fruits. Par ce moyen on évitera beaucoup d'erreurs. C'est pour cela que j'ai réformé plusieurs boutons, en faisant le rapprochement de quelques branches à fruit. On remarque que le rameau qui termine cette branche est assez bien constitué, sans être de la première vigueur; il a été taillé d'une moyenne longueur. Il est fâcheux que l'œil terminal soit un peu en dessus. L'autre petit rameau inférieur a été taillé de manière à en faire une branche à fruit.

Passons à la branche K : si on en remarque l'ensemble, on voit qu'elle est pourvue d'une trop grande quantité de branches à fruit, ce qui occasione déjà l'affaiblissement du rameau destiné au prolongement de cette branche; aussi, pour le raviver, on a fait une grande réforme parmi ces branches. Je ne ferai pas l'énumération de chacune d'elles, parce que ce serait répéter ce que j'ai dit en décrivant la branche J. Je m'occuperai seulement ici des deux rameaux placés vers l'extrémité de cette branche. Le rameau destiné à son prolongement a été taillé un peu long et sur un œil placé devant, afin d'obtenir plus d'accroissement; l'autre partie, qui lui est inférieure, a été disposée pour une branche à fruit. Avant de quitter cette branche, je ferai remarquer un peu au dessus de sa naissance, et sur la mère-branche, une plaie qui a été faite dans l'intention de faire passer plus de sève à son profit. Cette pratique ne doit être employée que dans des cas extraordinaires ; cependant on obtient de bons résultats, surtout lorsque l'on incise les écorces des branches dont on veut faciliter le développement.

La sous-mère-branche L paraît être dans un bon état de végétation, ainsi que toutes ses branches secondaires. Je ferai remarquer que plusieurs branches à fruit placées à la partie basse, et en dessus, ont déjà subi des opérations assez fortes pour empêcher leur trop grand développement. Ceci sera commun à toutes celles de ce genre, dans quelque sens qu'elles soient placées, parce que l'on doit veiller à ce qu'elles soient aussi courtes que possible (1). Néanmoins on remarque près de la sixième taille une branche secondaire inférieure, qui, comme on peut le voir, a été retranchée sur deux branches à fruit ; l'une d'elles semble se porter à bois, ce qui est l'effet du retranchement : il faut alors faire porter autant de fruits à cette branche que cela est possible ; c'est pourquoi le rameau qui s'est développé restera sans être taillé, à l'exception de l'œil terminal qui sera éborgné, puisqu'il n'est pas à fruit. On aura aussi grand soin de pincer les bourgeons latéraux, qui pourraient se développer trop vigoureusement vers la partie de son extrémité. Cette branche se chargera alors de beaucoup de fruits, mais

(1) Pour remplir ce but, je ferai remarquer que plusieurs bourgeons échappés des bourses, ou de quelques productions de même nature, ont été pincés de la manière que j'ai indiquée à l'article du *pincement*, ou cassés par le procédé du prétendu ébourgeonnage, trop répandu, ainsi que je l'ai déjà dit. La différence de ces deux opérations ne peut se reconnaître, à cause de la petitesse des figures ; mais le lecteur sentira sans doute l'importance de la première, avant même de l'avoir mise en pratique.

elle ne restera dans cet état que momentanément, parce
qu'ayant été affaiblie par cette grande production, on
pourra en faire le rapprochement sans danger. Si cette
branche occupait une place plus aérée, ce résultat serait
incertain, en ce que les bourgeons pourraient pousser
plus vigoureusement. Il faudrait donc être très attentif
au moment de leur développement pour les pincer très
soigneusement. Le reste des opérations sur ces sortes de
branches n'ayant rien de remarquable, occupons-nous
de celles qui conviennent au rameau destiné à prolonger
la branche L. On voit que ce rameau a été obtenu d'un
œil supérieur : dès lors il en est résulté un petit coude,
ce qui est aussi la cause de l'affaiblissement du rameau
destiné à la création de la branche secondaire M ; mais
comme cette branche serait un peu près de celle N, on
en fera le sacrifice en la taillant sur le premier œil, avec
la précaution de faire la coupe un peu près de cet œil,
afin de l'éventer assez. La sève destinée à ce rameau
passera au profit de celui L, qui est taillé très court, afin
de créer un rameau dans une position nécessaire à
la formation d'une branche secondaire, en remplacement
de celle M.

La branche N est assez bien développée ; mais le rameau destiné à son prolongement est resté en arrière.
Pour faciliter sa croissance, nous le laissons sans être
taillé. Il est vrai que l'on s'expose à ce que plusieurs de ses
yeux restent latens ou s'éteignent totalement ; mais comme
la onzième taille sur le rameau L est assez rapprochée de
la dixième, nous avons lieu d'espérer de bons résultats.
Nous supposons ici que la sous-mère-branche aurait éprouvé quelque avarie dans le voisinage de la dixième taille
ou au dessus, et que cette avarie lui retire la facilité de

se prolonger dans la proportion voulue comparativement aux autres. Dans ce cas, il faudrait effectuer le rapprochement sur la neuvième taille, et relever la branche N, qui bientôt réparerait le dommage. Pour cela il faudrait la diriger selon les principes que j'ai indiqués en pareille circonstance, et si l'on tenait à la parfaite uniformité de l'arbre, on ferait subir à la branche correspondante sur l'autre aile les modifications en rapport à celles que je viens d'indiquer.

On voit que la branche O est restée entière à l'époque de la deuxième taille, ce qui fait que le point de départ du rameau terminal ne forme aucun coude. On remarque qu'elle a produit un rameau que l'on a taillé assez court, dans l'intention de fortifier les boutons et les yeux qui se trouvent sur cette branche. Le petit rameau supérieur qui succède au terminal a été oublié et devrait être cassé près de son insertion.

La branche P est un exemple de la troisième taille. On voit qu'elle a été taillée très long la première année, et assez court la seconde, sans doute pour remédier à la première. La troisième a été d'une longueur moyenne et établie sur un œil en dessous qui probablement avait déjà éprouvé quelque avarie lors du pincement, ce qui fait que l'on a été contraint de choisir pour son remplacement le bourgeon le plus convenable à cet effet. Malheureusement sa position n'est pas agréable, ce que l'on aurait pu éviter en rapprochant sur le petit rameau, qui lui est inférieur, et en donnant à celui-ci une direction propre à continuer cette branche. Mais alors on courrait le risque de faire éprouver à cette branche un retard que l'on ne pourrait souvent réparer qu'en faisant la réforme d'une assez grande quantité de branches à fruit, ce qu'il faut éviter quant à présent. On voit que trois de ces branches seulement ont éprouvé un petit rapprochement. Le rameau destiné au prolongement de cette branche a été taillé sur un œil en dessous; celui qui lui succède est directement en dessus; il est urgent que cet œil soit éborgné, car dans le cas où le premier viendrait à éprouver quelque avarie, on ne pourrait pas tirer parti du dernier, parce qu'il formerait coude sur coude. Avant de quitter cette branche, je ferai aussi remarquer que son extrémité et le petit rameau qui y est joint sont marqués pour la réforme; il eût été imprudent de les réserver au prolongement de cette même branche, parce que leurs écorces ont peu de souplesse et ne permettent pas à la sève une libre circulation; le mal est même trop prononcé pour que des incis'ons aient pu y porter remède.

Je ne dirai rien de la branche Q, ses opérations étant semblables à celle de la branche J.

Passons aux branches R et S. C'est particulièrement sur les branches de cette nature qu'il importe beaucoup de diminuer la longueur des branches à fruit dont elles sont garnies, afin de pouvoir les maintenir en santé. Aussi on remarque qu'il a été fait beaucoup de réformes en ce genre : de plus, on a supprimé une branche de ramification, dans le but de fournir de la sève pour aider au développement de la branche R. Cette réforme pourra paraître étrange aux yeux de quelques personnes, d'autant plus qu'elle est arrivée au point de donner beaucoup de fruits; mais je répondrai par le proverbe *qui trop embrasse mal étreint.* On aurait pu, il est vrai, obtenir de cette branche une grande quantité de fruits, mais cette production aurait altéré la vigueur de la branche qui lui donne l'existence. On voit sur la branche S, dans le voisinage de la sixième taille, une opération à peu près semblable, qui eut lieu dans les années précédentes. Le reste des opérations n'a rien de particulier, ce qui me dispense d'entrer dans de plus longs détails.

Il reste à dire quelque chose de la branche secondaire supérieure, qui, comme je l'ai indiqué pour le pêcher, doit être élevée d'après les principes applicables à la mère-branche. Je ferai seulement remarquer que cette branche a été, pendant les quatre premières années, une branche à fruit, en raison de son peu d'étendue, ce qui est démontré par le rapprochement des plaies qui se trouvent à sa base. Depuis cette époque seulement, elle a pris réellement le caractère de branche secondaire. Les branches de ramification BCO, et la branche secondaire elle-même, sont pourvues d'une infinité de petites branches à fruit et de rameaux propres à le devenir, ce qui est important à leur égard, parce qu'étant vigoureuses, il est bon de se servir de toutes ces petites productions pour les affaiblir.

Lorsque les arbres ainsi taillés ont vieilli, et que les branches à fruit sont devenues chancreuses et forment des têtes de saule, comme cela se rencontre dans beaucoup de jardins, on fait le recépage de toutes les branches à un pied ou environ de la greffe. Dans ce cas, il faut surveiller les bourgeons inattendus, et réformer ceux qui sont mal placés. Les autres seront palissés avec soin à des distances de quatre à six pouces. Il sera aussi important de pincer au fur et à mesure les faux bourgeons qui pourraient se développer, ce qui dispense d'en faire le cassement au mois d'août, comme cela se pratique assez généralement.

L'année qui suivra cette opération, l'on se gardera

de tailler ces rameaux par leur extrémité, mais on en réformera quelques uns de ceux qui feraient confusion. A l'aide de ces différens moyens, les arbres prendront en peu de temps un grand développement, et seront abondamment pourvus de boutons à la troisième taille. Alors on taillera d'une manière convenable à leur vigueur, et qui aura pour but de retenir la sève au centre de l'arbre; mais en combinant cette taille de façon à ne pas faire développer les petits dards, qui seront alors en très grande quantité, et seulement à leur donner assez de forces pour se couronner par un bouton, et former des branches à fruit. Le reste des opérations est conforme à ce que j'ai dit.

§ VI. Taille en éventail sur pommier.

La taille du pommier étant en tout point conforme à celle du poirier, je n'entrerai dans aucun détail, me contentant de renvoyer à ce que j'ai dit dans le paragraphe précédent. La seule différence qui distingue ces deux espèces d'arbres, c'est que le pommier ne doit pas être soumis au recépage dont il ne s'accommode aucunement. Si, pour ce genre d'arbres, le désagrément que je viens de citer pour les branches à fruit du poirier se manifestait, on les ravalerait rez les branches charpentières, desquelles il sortira beaucoup de bourgeons, dont on cherchera à faire de nouvelles branches à fruit par les procédés indiqués.

Section II. — *Taille en cordon ou conduite de la vigne dans les jardins.*

Avant de parler de la taille de la vigne pour les espèces exclusivement consacrées à fournir le raisin de table, je ferai quelques observations sur sa plantation et son exposition, qui varient beaucoup en raison de la nature des terres dans lesquelles on les cultive.

§ I. Observations sur la plantation et l'exposition de la vigne.

Si les terres sont de nature forte, compacte, humide et froide, les vignes que l'on cultivera le long des murs, dans le nord et le centre de la France et dans les pays étrangers placés à la même latitude, devront être exposées au levant, et graduellement jusqu'à l'exposition du sud-ouest. La plantation de ces vignes devra être faite aussi près des murs que possible, afin que les racines puissent courir le long de ces murs, et très souvent s'implanter dans les fondations, ce qui fait qu'elles y seront plus sainement. Cette position influera sur la bonne qualité du raisin, qui, dans des terres de cette nature, est ordinairement aqueux et d'une médiocre saveur.

Si, au contraire, les terres sont légères, friables et chaudes, la vigne sera moins exigeante sur son exposition. Dans cette sorte de terrain, la plantation demande plus de soins, parce qu'elle devra être faite à quatre pieds des murs, et plus, si les localités le permettent, afin que les racines puissent aller chercher les sucs nourriciers à de très grandes distances, et supporter ainsi beaucoup mieux la sécheresse qui peut régner le long des murs pendant l'été. Lorsque les localités le permettent, on peut, pour éviter cette sécheresse, planter derrière la muraille, et on se contentera de faire passer la tige de ses vignes par dessus le mur, pour les cultiver en sens opposé à la plantation. Lorsque des issues ou barbacanes auront été pratiquées au pied du mur, on y fera passer la tige, ce qui est préférable; mais l'on ne peut admettre cette plantation comme faisant partie de la culture, en ce qu'elle n'est applicable que dans quelques localités privilégiées.

La distance qui doit exister entre chaque pied de vigne ne peut être déterminée qu'après s'être rendu compte de la nature des terres, de la hauteur des murs et de l'emploi auquel on les destine. Lorsque enfin on a déterminé la distance voulue par rapport aux localités, on procédera à la plantation qui se fera dans des fossettes longitudinales, d'une profondeur de dix pouces, terme moyen; c'est à dire que pour les terres moelleuses et un peu humides, neuf pouces suffiront, tandis qu'il en faudra quatorze au moins dans les terres légères et brûlantes. En plantant, on couchera non seulement la partie enracinée, mais encore une partie du sarment qui sera dirigé vers le mur, et relevé à l'endroit que l'on aura déterminé. Si les sarmens plantés dépassaient le sol de beaucoup, on les taillera de façon à ce qu'ils ne portent que deux yeux, et si les localités le permettent, on fera à leur pied un petit augct de deux à trois pouces de profondeur, que l'on remplira de grand fumier qui maintiendra la terre fraîche, et l'empêchera d'être desséchée par le soleil.

Après avoir planté la vigne, on la taillera la deuxième et quelquefois la troisième année, à deux yeux sur une seule broche, afin qu'au bout de ce temps elle puisse donner des sarmens assez longs pour atteindre la muraille. Jusque-là on se gardera de réformer ni feuilles ni faux bourgeons, afin que ces productions puissent exciter le développement des racines. Ce n'est que du moment où l'on verra que les bourgeons pourront prendre l'accroissement nécessaire pour arriver facilement au mur, que l'on débarrassera les faux bourgeons, afin que la sève qu'ils absorbaient puisse passer au profit de l'extrémité du bourgeon conservé.

Au printemps qui suivra cette opération, on pratiquera des fossettes de la largeur d'un fer de bêche et de la profondeur que nous avons déjà indiquée pour la plantation ; on y couchera les sarmens dont l'extrémité sera redressée le long du mur et taillée sur deux ou trois yeux hors du sol. Tous ceux qui se trouveront enterrés devront être annulés avec la serpette. Ensuite on recouvrira ces sarmens soit avec la terre du sol si elle est de bonne nature, soit avec une terre rapportée. Souvent l'on jette sur ces sarmens du bon fumier de vache, bien consommé, qui active singulièrement la végétation, mais qui nuit un peu à la qualité du raisin. Mais, comme on a pour but, dans le commencement d'une plantation, d'obtenir surtout du bois, cette pratique peut être employée sans inconvénient. Seulement, je recommande de ne point mettre de fumier trop près de la muraille, afin de ne pas exciter le développement des racines dans cette partie, parce qu'elles y sont plus exposées à l'influence de la sécheresse. Après une telle opération, les vignes doivent donner des sarmens de la longueur de quinze à vingt pieds. Dès lors, il faut appliquer la taille que je vais décrire.

§ II. De la taille de la vigne dans les jardins.

La taille la plus avantageuse pour les vignes, dans les jardins, est, sans contredit, la taille en cordon, soit qu'on en établisse sur toute la hauteur de la muraille, soit que l'on se contente d'en former un sous le chaperon (1). Dans ce dernier cas, le cordon doit être établi à dix-huit ou vingt pouces au dessous de la partie saillante de la muraille. Si, au contraire, celle-ci est uniquement consacrée à ce genre de cultures, le premier cordon régnera à six pouces au dessus du sol ; les autres cordons que l'on établira en dessus devront être espacés de vingt à vingt-quatre pouces dans les terres légères, et de deux pieds et demi à trois pieds dans les terrains humides, parce que, dans ces derniers, on ne devra pas laisser les bourgeons d'un cordon passer sur un autre, à moins qu'il n'y ait nécessité absolue, et cela, pour ne pas intercepter l'influence solaire, si utile dans cette circonstance. Cette action du soleil est moins nécessaire dans les terres brûlantes, où l'on a quelquefois besoin d'un peu d'ombre pour favoriser le développement des fruits.

Forme des cordons, pl. IV, fig. 2. Après avoir disposé les sarmens de façon à créer les cordons qui devront être inclinés horizontalement et sans faire de coude, afin d'éviter les ruptures, on procédera à la première taille, qui consiste à retrancher une partie de ces sarmens, afin que tous les yeux qui se rencontrent sur le plan horizontal puissent se développer et donner naissance à des bourgeons vigoureux, qui, pour l'or-

---

(1) Butret condamne cette méthode. Voyez sa brochure. Néanmoins j'en recommanderai l'usage toutes les fois que les murs seront assez élevés. Le palissage de la vigne, devant être pratiqué bien avant celui du pêcher, ne peut, par conséquent, pas lui nuire. Je regarde même cette pratique comme très avantageuse pendant l'été, en ce que les feuilles et bourgeons d'une vigne bien soignée ne devant pas dépasser la largeur des chaperons, pourront en tenir lieu pendant cette saison.

dinaire, seront garnis d'une bonne quantité de fruits.

Le bourgeon de l'extrémité de chaque cordon, ou à son défaut celui qui lui succède, sera palissé de manière à le continuer, sans faire le moins de coude possible. Les autres seront palissés verticalement, et, s'il existe un cordon au dessus, ces bourgeons seront tranchés à quelques pouces au dessous du point où ils voudraient le traverser sans attendre l'époque de la floraison, comme cela se pratique trop souvent.

D'après des expériences comparatives, j'ai trouvé que ce procédé influait avantageusement sur la grosseur des grappes et l'avancement de la fleur. C'est pourquoi je conseille de faire cette réforme de bonne heure, surtout sur les vignes vigoureuses et dans les années pluvieuses. On devra, en outre, faire la réforme de tous les faux bourgeons et vrilles, à mesure qu'ils se développeront.

Deuxième taille. Cette taille devra toujours être proportionnée à la vigueur des individus, tant pour les sarmens destinés au prolongement du cordon que pour ceux qui croisent verticalement ; et si quelques uns de ces derniers n'avaient pas pris le développement désiré, ce qui prouverait que la première taille aurait été faite outre mesure, on devra être plus réservé sur le prolongement du cordon, afin de ne pas commettre les mêmes erreurs, car, dans ce genre de végétal, il vaut mieux forcer la sève à se porter du centre à l'extrémité que de l'extrémité au centre.

Les sarmens les plus vigoureux qui se trouvent placés verticalement sur le cordon devront être taillés exclusi-

vement sur les deux premiers yeux, en comprenant
celui qui se trouve sur la couronne ou talon, de sorte
qu'après avoir opéré ces différens sarmens, leur longueur ne doit pas dépasser celle d'un pouce. Quelques
personnes pourront être étonnées d'une taille aussi courte;
mais, lorsqu'elles l'auront pratiquée deux années de
suite, elles en reconnaîtront l'efficacité. Les sarmens
faibles qui auront un peu plus que la grosseur d'un
tuyau de plume seront taillés sur le premier œil, de
sorte qu'ils sembleront n'avoir conservé que leur couronne (1). Tous ceux qui auraient poussé en dessous
et qu'on aurait conservés pour leurs fruits, ainsi que
ceux qui se trouveraient sur la tige, seront réformés,
à moins que leur conservation ne parût d'une nécessité
absolue.

On est convenu de donner le nom de *broche* à tous
les sarmens qui ont subi la taille et qui se trouvent placés en dessus du cordon. Chacune de ces broches donne
le plus ordinairement naissance à deux bourgeons que
l'on palisse et traite comme je l'ai indiqué à la première
taille.

Troisième taille. Je ne répéterai pas ici ce qui concerne le sarment chargé de prolonger l'extrémité du
cordon, pas plus que ceux qui ont poussé dessus, puisqu'il faut leur appliquer les principes posés précédemment pour la première et la seconde taille. La troisième
taille s'applique aux broches. Comme on a pu le re-

(1) Quant au cordon *pl. IV*, *fig.* 2, il ne faut pas s'arrêter à
l'inspection des broches qui ont été dessinées d'après une échelle
qui les représente beaucoup plus grandes que je ne les recommande
par le texte.

marquer, elles n'ont encore subi qu'une opération
dont les résultats sont deux sarmens (voy. *pl. IV*). Le
plus éloigné du cordon sera réformé avec une portion
de l'ancienne broche , de manière que la partie réformée ressemble un peu à une crosse, ce qui lui a valu
le nom de *crossette*. L'autre sarment sera réservé et
taillé à deux yeux , pour former une nouvelle broche
que l'on traitera de la même manière. Alors il existera
entre la branche et le cordon une espèce de tête de
saule (à laquelle on donne le nom de *courson*) peu
apparente d'abord , mais qui , par une taille mal raisonnée, pourrait prendre une certaine élévation. Ce
serait un inconvénient, parce qu'il sortirait sur ces
parties une infinité de bourgeons inattendus qu'il faudrait réformer à l'époque de l'ébourgeonnage. Les sous-
bourgeons qui sortent sur les broches et à l'empatement
des bourgeons principaux (1) devront aussi être réformés , à moins qu'il y ait nécessité d'augmenter les récoltes. Les différens ébourgeonnages se font lorsque
les grappes sont apparentes ; on opère simplement avec
les doigts et sans efforts , à moins que l'on néglige de
les faire à cette époque, ce qui serait préjudiciable à la
vigne , surtout si elle n'était pas très vigoureuse. Quoiqu'il soit de règle générale de réformer les différens
bourgeons dont je viens de parler , particulièrement
ceux qui se développent sur les coursons, cependant
s'il arrivait que l'un de ceux-ci prît un accroissement
démesuré , et qu'à sa base il se trouvât un bourgeon ,

(1) Ces sortes de productions ne sont pas apparentes à l'époque de
la taille , parce qu'elles font corps avec les yeux dont l'enveloppe
les recouvre encore.

ce qui n'est pas rare, on conserverait ce dernier pour pouvoir, à l'époque de la taille, réformer le vieux courson, qui serait à l'instant remplacé par une nouvelle broche. C'est ainsi que l'on agira sur des vieux ceps en cordons qui auraient été mal traités.

Il arrive aussi une époque où les cordons eux-mêmes sont épuisés. Cette époque varie singulièrement en raison de la nature des terres et de la quantité des engrais qu'elles ont reçus. Quel que soit l'état d'épuisement, il est rare qu'il ne reste pas encore quelques ressources, ce qui est annoncé par des productions vigoureuses qui partent du pied du cep. On profite de ces nouveaux jets pour remplacer le vieux cordon qu'on supprime, ce qui donne encore d'excellens résultats. Si l'on craint le mauvais état des racines, on couche en terre les nouveaux sarmens, en leur faisant décrire un demi-cercle ou un cercle entier, afin de les éloigner du mur autant que possible, en cherchant seulement à ramener leur extrémité vers la muraille. A l'aide de ce moyen et de quelques engrais on peut complètement rétablir un cordon en peu de temps. Dans quelque position que l'on cultive la vigne sous cette forme, soit le long d'un treillage à l'air libre ou sous des tonnelles ou berceaux, les principes sont les mêmes. On donne encore à la vigne une forme en espalier, en maintenant sa tige verticale et en la laissant se garnir dans toute sa longueur, à droite et à gauche, de coursons et de broches. Cette forme convient aux vignes plantées près d'un mur de peu de hauteur à une exposition chaude. Les principes pour cette taille sont les mêmes que ceux que je viens de décrire.

Dans quelques jardins situés à des positions chaudes

et sur des terres brûlantes, on cultive la vigne, à l'air libre, conduite sous la forme d'une quenouille soutenue par un échalas, sur lequel viennent s'attacher tous les bourgeons sortant des coursons. On est convenu de donner à ces vignes le nom de cep. Cette culture ne peut être mise en usage que dans la situation que je viens d'indiquer, et encore, dans le nord et le centre de la France, les récoltes sont assez infructueuses et la qualité du raisin médiocre. Du reste, les principes de la taille sont les mêmes que pour les cordons.

On cultive également la vigne propre aux raisins de table, en la tenant en massif peu éloigné des murs exposés au midi. La forme la plus ordinaire que l'on donne à chaque pied, planté à une distance assez irrégulière, consiste dans l'établissement de quatre à cinq coursons sur le tronc, qui est peu élevé du sol; ces coursons devront toujours être établis de manière à ce qu'ils s'éloignent du centre, afin que par leur ensemble ils puissent former un *cul-de-lampe* dont ce mode de culture a pris le nom. Lorsque ces vignes sont très vigoureuses, on peut conserver deux ou trois sarmens des plus élevés sur les coursons; on donne à ces sarmens le nom de *ventelles*. Pour cet effet, on les taillera à plusieurs pieds de leur insertion, et, lors de l'ascension de la sève, on les courbera en anse de panier en fixant leur extrémité dans le sol, afin d'en répartir la sève plus uniformément; ce qui fera donner beaucoup de fruits et diminuera l'extrême vigueur du cep qui les alimente. Après la récolte, ou à l'époque de la taille suivante, on fera la réforme de ces parties pour faire place à de semblables, si les ceps sont

encore assez vigoureux. Le reste des opérations est conforme à ce que j'ai dit plus haut. Au surplus, cette
culture extrêmement simple convient plutôt au vigneron
qu'au jardinier.

Je termine ici ce que j'avais à dire sur les opérations de la taille appliquée à la vigne dans les jardins.
Je n'ai pas cru devoir augmenter son article de faits
curieux et intéressans sous le rapport de son histoire,
que j'aurais pu emprunter à des auteurs anciens et modernes. J'ai préféré me renfermer dans ce qui est pure-
ment pratique.

SECTION III. — *Taille en vase.*

Cette taille varie beaucoup en raison de la nature et
de la vigueur des arbres, ce qui fait qu'elle est souvent mal établie par beaucoup de jardiniers qui taillent
tout d'après les mêmes principes, tandis que chaque arbre exige un raisonnement particulier. C'est pour cela
que nous croyons utile d'examiner ces arbres sous
quatre modes de culture tout différens ; il est vrai qu'ils
offrent encore entre eux quelques petites modifications
qui varient selon qu'ils sont plus ou moins vigoureux ;
mais il m'a paru suffisant de les désigner sous les quatre
titres ci-après pour connaître les manières d'opérer selon la vigueur de chacun d'eux.

§ I. Taille en vase sans le besoin de support.

C'est plus particulièrement sur des pommiers greffés
sur paradis ou douçain, que cette taille est établie ; on
la rencontre assez généralement dans les jardins modernes comme étant la plus propre à former des massifs
d'un grand produit. Ces arbres acquièrent à peine la

hauteur de deux à quatre pieds, ce qui varie un peu en raison de la nature du sol ; aussi choisit-on les paradis pour les terres fortes et substantielles, et les douçains pour celles qui sont maigres ou peu argileuses. Dans ce cas, ils ne dépasseront pas la hauteur indiquée ci-dessus, ce qui les dispensera de tout l'appareil dont les arbres plus élevés soumis à cette taille ne peuvent se passer.

Les paradis et douçains sont envoyés des pépinières ayant déjà éprouvé la suppression de la tige à six ou huit pouces au dessus de la greffe. Les rameaux qui ont poussé sur cette tige sont très irrégulièrement placés, il importe alors de régulariser la forme qu'ils doivent avoir : pour y parvenir, on choisira trois ou quatre de ces rameaux que l'on taillera à quelques pouces du tronc ; et, comme il est rare que ces rameaux aient un volume égal, il faudra les soumettre à des opérations tout à fait différentes. Il est vrai qu'il faudra leur donner la longueur et la position voulues pour qu'ils offrent dans leur ensemble une forme de vase aussi régulière que possible ; mais les plus faibles seront taillés dans la vue de continuer les branches circulaires, sans que l'on s'occupe de les bifurquer. A cet effet, les yeux placés à l'intérieur et à l'extérieur des vases seront préférés, à moins qu'il y ait nécessité de reporter des branches à droite ou à gauche de la partie circulaire du vase. Lorsque ces branches auront pris un volume égal à celui des plus fortes, on n'en fera point de différence.

Le rameaux les plus forts devront être taillés de droite à gauche ou de gauche à droite, avec la précaution que l'œil qui suit immédiatement le terminal puisse y correspondre, de manière qu'en se développant l'un et l'autre ils forment dans la partie circulaire de l'arbre une espèce de fourche à laquelle on a donné le nom de *bifurcation.* (Voy. *pl. VI, fig. 4.*)

La deuxième taille devra être pratiquée d'après les mêmes principes que j'ai développés pour la première. Si, à l'époque où on l'a fait, la plus grande partie des rameaux destinés au prolongement de chaque branche circulaire avait acquis la longueur de deux pieds ou environ, on pourrait les tailler à cinq et six pouces, afin que l'œil terminal de chaque rameau et celui qui le suit pussent se développer avec vigueur pour être propres à continuer la charpente. Tout le reste des yeux qui se trouveront sur les rameaux sera destiné à produire des petits dards ou brindilles.

Les rameaux avec lesquels on veut former des bifurcations devront être taillés de moitié moins long, terme moyen (voyez *pl. VI, fig.* 3, lettres B et E), afin d'éviter des *cornes* (1). Ce n'est qu'à leur deuxième taille que l'on devra les mettre en équilibre avec les autres branches. (Voyez D. G, *mêmes planche et figure.*) (2)

A la troisième on devra vérifier la seconde, et si quelques unes des branches circulaires étaient bifurquées dans un sens opposé, ou si elles étaient trop multipliées, il faudrait les réformer. Il est prudent de pincer les bourgeons qui donnent lieu à de telles productions, ce qui évite de fortes plaies toujours nuisibles.

---

(1) Si toutefois je peux me servir de l'expression de Butret.

(2) Je ferai remarquer que cette figure ne présente qu'un quart de vase : j'ai préféré retrancher les trois autres parties, n'étant propres qu'à mettre de la confusion, et nécessiter des répétitions inutiles.

C'est ce qui a été observé au dessous des rameaux
D , G.

Si, à l'époque de cette troisième taille, la vigueur
s'est maintenue dans les proportions indiquées pour la
deuxième, on agira pour celle-là d'après les principes
établis pour celle-ci. Il n'en sera pas de même lors de la
quatrième, parce qu'à cette époque les arbres dont nous
nous occupons devront être munis d'une assez grande
quantité de boutons, ce qui oblige à tailler plus court,
afin de maintenir la sève qui doit les alimenter. Il serait prudent, dès cette époque, de faire la réforme de
quelques brindilles placées sur les branches circulaires
de nature faible, afin de leur donner la faculté de se
mettre en équilibre avec les plus fortes.

La cinquième taille sera faite dans le but que j'ai indiqué ici, et les suivantes également. Mais il arrive une
époque plus ou moins reculée où ces arbres ne poussent que dans des proportions peu considérables, en raison
de leur âge, de la nature des terres, et de la quantité
de fruits qu'ils portent chaque année. Dès lors on
devra considérablement diminuer les branches à fruit,
en cherchant à ce que l'extrémité des branches circulaires puisse donner des rameaux vigoureux, afin de
raviver ces arbres. Voyez ce que j'ai dit à ce sujet à
l'article *déchargement*.

Les proportions que j'ai données pour la vigueur de
ces arbres sont généralement le terme moyen ; il s'en
rencontre où la vigueur est plus ou moins dominante,
ce qui fait varier les principes que j'ai posés. Si les
arbres se sont développés plus vigoureusement que je
ne l'ai indiqué, ils devront être taillés plus long ; si,
au contraire, ils n'ont poussé que faiblement, ils

seront, par cette raison, taillés plus court, en empêchant également l'accroissement et la multiplicité des
branches à fruit.

§ II. Taille en vase au moyen de supports et de cerceaux.

C'est généralement pour les arbres vigoureux du genre
à pepin, greffés sur franc, que ce second mode de
taille est établi. On appelle franc tout arbre arrivé à
un certain état de domesticité, soit qu'il soit le produit de boutures, drageons, œilletons, marcottes ou
semis. Ce dernier moyen est bien supérieur aux autres,
en ce qu'il donne des sujets bien plus vigoureux ; aussi
les pépiniéristes l'emploient-ils avec beaucoup de succès.
On appelle quelquefois aussi les francs du nom de sauvageons ; cependant ceux-ci s'en distinguent par leurs
feuilles petites, leur bois mince et le plus souvent armé
d'aiguillons, tandis que les francs ont pour l'ordinaire
les feuilles larges, charnues, les rameaux gros portant peu
ou point d'épines. C'est surtout dans le genre du poirier
où ce caractère est plus constant, et où il est le plus important de faire la distinction de ces deux variétés, parce
que les francs doivent être réservés pour recevoir les
espèces les plus difficiles à se mettre à fruit. Les sauvageons peuvent recevoir les autres espèces, et notamment
celles que l'on cultive à haute tige dans les vergers.

Ces précautions, quoique importantes, sont généralement négligées par nos pépiniéristes les plus instruits.
Ils greffent indistinctement, parce qu'il est assez difficile de distinguer si telle espèce a été greffée sur franc
ou sauvageon (1). Il en résulte que, parmi ces arbres

(1) Néanmoins, lorsque ces arbres sont arrachés, on peut, jusqu'à

plantés pêle-mêle, ceux greffés sur franc donnent des fruits abondamment et d'un beau volume, tandis que les autres se font attendre long-temps, et n'en donnent que peu et petits ; encore sont-ils souvent galeux ou pierreux. Ceci est commun à toutes les espèces ; c'est pourquoi, presque généralement, on a adopté les pommiers greffés sur paradis et douçain, et les poiriers sur cognassier. Mais, je le dirai avec connaissance de cause, pour les terres maigres, peu substantielles ou impropres à la nature de ces deux genres d'arbres, les francs doivent être préférés ; les poiriers surtout seront bien préférables à ceux greffés sur cognassier même planté dans un bon sol ; si cependant les terres étaient trop substantielles, argileuses ou peu profondes, les cognassiers seront d'un meilleur emploi.

Pour le genre pommier, les arbres greffés sur franc poussent dans des proportions plus considérables que ceux greffés sur paradis ou douçain. Néanmoins, les deuxième et troisième tailles devront être établies comme pour les paradis ; mais lorsqu'un certain nombre de bifurcations seront formées, et que l'embonpoint de toutes les parties en annoncera la vigueur, les rameaux destinés à prolonger les différentes branches circulaires pourront être taillés à un pied ou dix-huit pouces, avec la précaution de leur faire obtenir, par leur ensemble, autant de régularité qu'il est possible (voy. *pl. VI, fig.* 3). Les rameaux destinés à la formation des nouvelles bifurcations devront être taillés comme nous l'avons dit pour les paradis. Si les autres rameaux ont été pincés,

un certain point, juger de leurs qualités, parce que les racines des francs sont plus charnues et se rompent plus facilement que celles des sauvageons.

ou sera dispensé d'en faire la réforme, en évitant également des plaies considérables. Alors, on se contentera de casser quelques uns de ces rameaux qui n'auront pas subi l'opération du pincement, et qui auraient trop de volume pour être considérés comme brindilles.

On voit, d'après ce qui vient d'être dit, que des supports et des cerceaux sont indispensables pour le maintien de ces branches et leur espacement, qui doit être de quatre à six pouces ou environ. L'évasement doit aussi se pratiquer au fur et à mesure que les arbres prennent de l'accroissement, ce qui ne peut avoir lieu sans les moyens dont je viens de parler.

Il nous importe maintenant de faire l'application de la quatrième taille sur ce même arbre. On voit que le rameau A a été taillé sur deux yeux placés dans la partie circulaire, et propres à donner naissance à une nouvelle bifurcation, mais en sens opposé à la lettre B. Cette précaution devra être prise, autant que possible, pour toutes les branches qui auront la même destination, de sorte que les bifurcations se trouvent alternativement à droite et à gauche, et à des distances qui ne peuvent être déterminées que par le besoin des branches circulaires.

Les bourgeons qui se développeraient trop vigoureusement au dessous de la bifurcation proposée, et qui pourraient nuire à son accroissement, seront pincés, et donneront le résultat que l'on peut remarquer au dessous de la bifurcation B.

Le rameau C, comme on peut le voir, est très vigoureux ; c'est pourquoi j'ai cherché à en obtenir une bifurcation avec la précaution indiquée plus haut. Le reste de l'opération n'a rien de particulier.

Lettre D. On voit que cette bifurcation donne un rameau très vigoureux qui a été taillé de manière à le mettre en correspondance avec les rameaux les plus vigoureux, mais sans chercher à le bifurquer. Cette bifurcation serait ridicule et inconvenante, parce qu'elle se trouverait à la même hauteur que celle qui lui est préparée sur le rameau C. Ce soin est de rigueur pour toute autre partie.

La lettre F n'exigeant pas d'autre opération que la lettre C, et la lettre G étant aussi en rapport avec D, je me dispenserai d'entrer dans de plus grands détails.

On remarque ici que chacun de ces rameaux n'est pas taillé en raison de sa force, comme le recommandent quelques auteurs, mais seulement en raison de sa destination particulière. Dans la supposition qu'un des arbres soumis à cette forme viendrait à s'emporter dans l'une de ses parties, il faudrait que les rameaux de cette partie fussent taillés très court, multiplier autant que possible les branches à fruit, qui, par leur produit, absorberont la surabondance de sève. Le contraire devra être fait sur le côté faible, c'est à dire que les rameaux de cette partie seront taillés très long, si même on ne trouve pas convenable de les laisser entiers. Les branches à fruit seront taillées très court, afin que leurs produits soient peu considérables.

Tout ce que je viens de dire à l'égard des pommiers est également applicable aux poiriers, pruniers, abricotiers, etc.

Quoique la forme en vase soit très gracieuse, elle est presque généralement rejetée et remplacée avec raison par des pyramides ou des éventails. Néanmoins, on en rencontre encore dans les jardins plusieurs greffés sur franc. Trop souvent ils sont taillés si court, qu'ils n'offrent, pour ainsi dire, que des nœuds et des plaies considérables. Cette manière vicieuse de tailler les prive de la faculté de donner des fruits, parce que la réforme annuelle des rameaux vigoureux détermine le peu de dards et de brindilles à se transformer en branches à bois, ce qui engage le jardinier à faire de nouvelles réformes qui multiplient encore les plaies. Si une main habile ne vient pas au secours de ces arbres, leur vigueur se ralentit, la sève refuse d'arriver à l'extrémité des branches circulaires, par l'effet des plaies qui y sont multipliées, et bientôt ils n'offrent plus que le triste assemblage de chicots dégoûtans. Les propriétaires sont réduits à en ordonner l'arrachage, qui a lieu sans qu'ils aient obtenu autre chose que des fruits verts et de mauvaise qualité. Tel est l'état de beaucoup d'arbres que l'on m'invite souvent à rétablir. Si ce sont des pommiers, mes premiers soins sont de débarrasser l'intérieur d'une foule de rameaux et branches, auxquels succèdent des têtes de saule. Les rameaux formés dans l'intervalle des vieilles branches y sont maintenus, malgré la confusion qu'ils forment, en disposant les plus forts à la formation d'une nouvelle charpente. Dans ce but, on les taille extrémement long, et quelques uns pas du tout, ce qui a lieu pour les plus faibles, afin de régulariser une nouvelle couronne.

Lors du pincement, il sera prudent de visiter l'ensemble de ces arbres et pincer tous les bourgeons vigoureux mal placés. La seconde taille sera faite d'après les principes de la première.

A l'époque de la troisième taille, ces arbres devront

être pourvus d'une très grande quantité de boutons, et si le temps est favorable pendant la floraison, ils se trouveront rétablis et en état de donner une très grande quantité de fruits. Alors, les rameaux destinés au prolongement des branches circulaires devront être taillés beaucoup plus court, afin que la sève puisse mieux alimenter les fruits.

A la quatrième taille, on commencera à débrouiller la confusion que j'ai indiquée comme régnant dans les rameaux à l'époque de la première taille ; et si, lors de cette opération, il se rencontre quelque vieille branche de la charpente morte ou mourante, il faut en faire la réforme seulement à cette époque, parce que les fortes plaies sont très pernicieuses aux pommiers. Elles le sont beaucoup moins aux poiriers ; c'est pourquoi, sur des arbres de cette nature, on peut effectuer le recépage afin d'obtenir une forme plus régulière, à moins que l'état de l'arbre permette de le réparer entièrement sans recourir à ce moyen.

§ III. Taille en vase à branches croisées.

Lorsque les arbres soumis à la forme dont nous venons de parler plus haut auront une vigueur extraordinaire, on pourra croiser les branches ou rameaux destinés à la création de la charpente. Pour cela, la moitié des branches sera inclinée à droite, et l'autre moitié à gauche, en leur faisant décrire un angle de 15 degrés ou environ. La plupart des rameaux destinés au prolongement de ces branches ne seront point taillés, excepté les plus vigoureuses, que l'on devra bifurquer en sens inférieur, afin de multiplier ces branches au fur et à mesure que le vase prendra de l'étendue.

Les vases ainsi croisés peuvent aisément se passer de
support ; cependant quelques cerceaux de distance
en distance seront nécessaires pour la plus parfaite
régularité.

§ IV. Taille en vase-quenouille.

Quoique ce mode de taille soit peu usité dans les jardins, on peut le mettre à exécution, afin de se dispenser
de croiser les branches et rameaux trop vigoureux,
comme nous venons de l'indiquer dans le paragraphe
précédent.

Ce mode consiste à conserver un rameau près l'assemblage des branches charpentières, et aussi perpendiculairement que possible sur le tronc, ce qui est commun
sur ces arbres ; à son défaut, on emploie une greffe
placée en cheville, qui bientôt s'emparera d'une très
grande quantité de sève, ce qui diminuera la vigueur
des branches circulaires du vase, et les mettra à fruit
en peu de temps. Cette greffe ou ce rameau sera traité
comme pour obtenir une pyramide ; mais la tige sera
dénuée de branches à sa base, afin de ne pas obstruer
l'air destiné à la vie du vase. Je dois prévenir le lecteur
qu'à une certaine époque la sève peut abandonner le
vase pour se porter totalement à la pyramide. L'un et
l'autre se trouvant alors en état de donner des fruits,
on est le maître de choisir entre les deux. On peut, au
reste, par quelques traits de scie pratiqués près de l'insertion de la tige de la pyramide, maintenir l'équilibre
assez long-temps. Il y a bien encore un moyen qui consiste à tailler la pyramide très court et très tard ; mais
alors, cette partie ne donne souvent pas de fruits.

Section IV. — *De la taille en pyramide.*

Cette forme est sans contredit la plus naturelle à une infinité d'arbres. On a souvent confondu la pyramide avec la quenouille, parce que les pépiniéristes nous envoient des arbres sous cette dernière forme, et il faut une main habile pour rétablir la pyramide. Un auteur moderne a prétendu que cette forme n'était guère propre qu'à donner du bois. Cette assertion est facile à combattre, puisqu'avec du bois on peut avoir du fruit à volonté ; d'ailleurs, les succès que l'on obtient dans quelques jardins, pendant un très grand nombre d'années, prouvent assez la bonté de cette forme.

Le même auteur prétend que la forme de quenouille est la plus propre à donner des fruits. J'avoue que les arbres qui sont ainsi taillés donneront plus de fruits les cinq, six ou sept premières années, que sous la forme de pyramide. Mais, après ce temps, ils vont toujours en dépérissant, et font dire, avec raison, que les quenouilles ne durent pas, et cela parce qu'elles sont épuisées de fruits avant d'être en état d'en soutenir les produits. Si, au contraire, on soumet les arbres à la pyramide, moins productive d'abord, on en est bien dédommagé ensuite, parce que l'on n'a pas le désagrément de voir périr les arbres au moment d'en obtenir des jouissances. Ce n'est en effet qu'à la sixième ou huitième année que l'on doit attendre d'une pyramide des produits abondans qui se succéderont pendant trente ou quarante ans. D'après cela, il me semble que les pyramides doivent être préférées ; c'est pourquoi je vais indiquer tout ce qui a rapport à cette taille ; je m'occuperai ensuite des quenouilles, et m'efforcerai de détruire les mauvais procédés employés pour les conduire.

§ I. De la taille en pyramide sur poirier.

Cet arbre se présente assez volontiers sous cette forme dans la nature, et, pour peu que l'art apporte son secours, on obtient des résultats aussi flatteurs qu'utiles.

Nous allons examiner les figures des *pl. V et VI* à l'occasion desquelles je développerai les connaissances indispensables pour obtenir cette forme.

Remarquons d'abord deux jeunes arbres, *pl. V, fig.* 7 et 8, qui sont le résultat de sujets greffés en écusson. On voit que ces greffes ont poussé d'à peu près cinq pieds, ce qui est le terme moyen dans les pépinières. Les deux rameaux ont à peu près la même vigueur sans avoir la même configuration. L'un d'eux, *fig.* 7, est muni d'une infinité de faux rameaux, ce qui n'existe pas sur la *fig.* 8. Toutes les fois que de semblables productions se trouvent placées sur des rameaux destinés à prolonger une tige, on devra les utiliser pour donner naissance aux branches latérales, qui seront taillées de manière à commencer la pyramide; de sorte que plus ces productions seront éloignées de l'œil terminal combiné, plus elles devront être taillées long. Leur plus ou moins de force n'aura aucune influence sur cette opération; tout dépend de leur position. On voit, par exemple, deux de ces faux rameaux qui sont restés sans être taillés, dans l'espoir de les faire développer. A l'aide des suppressions que l'on devra faire sur toutes les autres parties, on y parviendra facilement.

On remarque, dans le voisinage de la suppression

faite sur le rameau principal, trois petits faux rameaux
qui ont le caractère de dards : ceux-ci sont taillés d'autant plus court qu'ils se rapprochent davantage de l'œil
terminal combiné. Il n'eût pas été prudent de conserver
ces dards dans toute leur intégrité, en ce que l'œil terminal de chacun d'eux, à cause de leur position, les
aurait mis dans le cas de se développer avec beaucoup
trop de force, comparativement aux autres productions
placées en dessous (1).

Première taille. Elle doit être toujours plus ou moins
longue, en raison de la force des individus soumis à
cette forme ; mais cette longueur ne devra dépasser la
moitié que dans des cas extraordinaires. Il est également rare que les rameaux soient taillés à plus des deux
tiers. On aura égard aussi à l'état des yeux ; s'ils sont
bien constitués à la base des rameaux auxquels ils appartiennent, et qu'ils offrent peu de différence avec ceux
du voisinage de l'œil terminal combiné, l'on pourra
tailler les rameaux vers la moitié de leur longueur
(voy. *pl. V, fig.* 8). Si, au contraire, les yeux offrent
une différence trop sensible, l'on réduira le rameau à
son premier tiers. Dans tout état de cause, il vaudra
beaucoup mieux tailler un peu plus court que trop long,
parce qu'il est toujours plus facile de faire passer la
sève du centre vers l'extrémité que de l'extrémité vers
le centre. L'œil terminal sera choisi parmi ceux qui sont
le plus convenables pour continuer la tige. Ceci n'a pas

(1) Tout ce qui vient d'être dit sur les faux rameaux destinés à
créer des branches latérales ne doit être considéré que comme ac-
cessoire ; c'est pourquoi je l'ai placé en dehors de la première taille
sur l'arbre *fig.* 7.

été fait exactement dans l'arbre qui est représenté, car il aurait fallu prendre l'œil qui est au dessous ; mais étant trop faible pour remplir cette fonction, on eût été contraint d'opérer sur le quatrième, ce qui aurait rendu la taille trop courte, en ce qu'elle serait diminuée de cinq à six pouces.

Deuxième taille. Avant de traiter de cette taille, je dois faire remarquer les résultats de la première sur deux individus de même force, où ces résultats n'ont pas été semblables, ainsi que l'indiquent les *fig.* 9 et 10 de la *pl. V.* On voit, *fig.* 9, trois rameaux latéraux, **A**, **B**, **C**, placés dans le voisinage de la taille, dont le volume est en disproportion avec ceux du même genre placés au dessous. Cette disproportion est l'effet de la négligence lors du pincement. A cette époque, il eût été nécessaire de pincer ces productions d'après les principes que j'ai établis, et l'on aurait eu un résultat semblable à celui de la *fig.* 10. Dès lors, les opérations de ces deux arbres ne doivent plus être en rapport, quoiqu'ils aient la même vigueur, et qu'ils tendent au même but. C'est pourquoi je vais dire ce qu'il faut faire pour chacun d'eux, en commençant par la *fig.* 9.

Considérant le besoin du développement des rameaux et des yeux placés à la base de la tige, la seconde taille sera établie à six pouces ou environ de la première, sur un œil disposé à maintenir la perpendicularité de la tige. Si cet œil paraissait un peu trop volumineux, on pourrait, par l'opération de la taille, en faire l'éventage (*voy. pl. I, fig.* 10), afin de suspendre à son trop de développement. Mais il faut être circonspect dans de telles opérations, afin de ne pas s'exposer à la perte de cet œil, que l'on ne remplacerait que très difficilement. Il vaudrait mieux, pour quelqu'un de peu exercé, s'assurer de son développement ; et, lorsque son bourgeon aurait pris un caractère trop prononcé, il serait pincé par son extrémité, ce qui le retarderait au profit de la masse.

Les rameaux inférieurs à celui dont je viens de parler seront taillés de la manière suivante : le rameau **A** sera démonté totalement en enlevant toute la couronne ou empatement qui se trouvera dessous et dessus, afin qu'il ne forme aucune nodosité le long de la tige dans le sens de la coupe ; néanmoins, il devra en rester une petite portion des deux côtés, afin qu'il puisse en sortir quelques faibles bourgeons incapables de dominer les autres, ce qui aurait pu arriver si le rameau avait conservé sa couronne (1). Si, dans la position qu'il occupe, ce rameau n'avait que la dimension de celui **D**, on pourrait le retrancher en lui conservant sa couronne, et, s'il avait le volume de celui **E**, on pourrait le tailler sur le premier œil. Le rameau **B**, étant un peu éloigné de la taille, devra être retranché, en lui conservant une faible portion de sa couronne, c'est à dire que cette couronne devra être un peu éventée. Le rameau **C**, étant encore plus éloigné et plus faible que les précédens, sera taillé sur le premier œil avec la précaution de l'éventer un peu. Le rameau **D** sera taillé à deux pouces ou environ, ce qui lui donnera l'avantage d'avoir deux ou trois yeux, afin de le maintenir dans l'état d'équilibre où il se trouve. Le rameau **E** est encore taillé plus long

(1) Une foule de cultivateurs, qui ne connaissent aucunement le résultat de leurs opérations, taillent de semblables rameaux à deux, trois et quatre yeux, comme je le ferai remarquer à l'article *Quenouille*, ce qui est un défaut très grave.

sur un œil supérieur, afin qu'il développe plus sûrement cette branche. Il est vrai que le bourgeon qui se développera dans cette position pourra s'élever perpendiculairement le long de la tige ; mais, à l'époque de la seconde opération, il aura rempli son but, et on pourra rabattre sur le rameau qui se sera développé de l'œil que l'on voit placé inférieurement.

L'autre petit rameau, placé au dessous de tous ceux que nous venons de passer en revue, a le caractère de brindille un peu grasse par son extrémité ; ce qui donne l'espoir qu'en le laissant entier il se développera avec assez de force pour se mettre en équilibre avec tous les autres. Si l'on craignait de ne pas obtenir un succès complet, on pratiquerait, le long de la tige et en dessous de ce rameau, deux ou trois incisions longitudinales qui viendraient aboutir sur la couronne de ce rameau ; ce qui détendrait les écorces et donnerait la facilité à la sève de s'y porter abondamment.

Si c'est une branche faible dont on veuille aider le développement, les incisions devront y être pratiquées de manière à ce qu'elles communiquent sur celles dont je viens de parler. On peut joindre à ces différens moyens celui qui vient d'être annoncé récemment dans les *Annales de la Société d'horticulture*, n⁰ˢ 7 et 8, par M. Leclerc, qui dit avoir conçu et pratiqué cette méthode dans une de ses propriétés de Maine-et-Loire.

Ce savant pouvait, à juste titre, déclarer que cette ingénieuse idée lui était déjà venue lors de nos leçons particulières dans les écoles d'agriculture de Paris. Cette opération consiste à faire des entailles dans l'épaisseur de l'aubier au dessus des yeux latens (voyez *pl. V, fig.* 9). Le même procédé peut être mis en usage pour des branches et rameaux faibles dont on veut rendre la réussite assurée (1).

Cette pratique peu connue, et peu employée pour des pyramides bien tenues, est pour ainsi dire indispensable pour des quenouilles qu'une main habile sera chargée de réparer. Cette opération a pour but de retenir la sève montante au profit de chaque branche que l'on veut développer, dans une proportion combinée d'après l'étendue des entailles, qui, en pareil cas, devront être plus larges que profondes, afin de ne pas exposer la tige à être rompue par les vents. Je dirai, en terminant, que les différentes opérations indiquées doivent être rigoureusement faites dans l'espoir de faire développer les deux petits dards placés au bas de l'arbre, et de leur faire produire deux bonnes branches utiles à son organisation.

Passons à la deuxième taille, *fig.* 10. J'ai déjà fait remarquer sur cet arbre l'importance du pincement qui aide à la répartition égale de la sève dans les différens rameaux latéraux. Le rameau terminal a été taillé beaucoup plus long que dans l'exemple précédent; néanmoins, il a fallu tenir compte des observations que j'ai faites relativement à l'état des yeux ; et cette taille a été combinée pour que tous les yeux latéraux qui s'y rencontrent puissent se développer et former des rameaux semblables à ceux qui ont résulté de la première taille.

Les différens rameaux sont taillés d'après les formes prescrites, puisque leur ensemble forme une pyramide

---

(1) Il y a un principe important à observer dans les pyramides, c'est que les branches latérales tournées du côté du nord poussent toujours moins que celles qui regardent le midi. Il faut tenir compte de cet effet dans la formation de ces branches.

aussi régulière que possible. Je n'entrerai pas dans des
détails pour chacun d'eux, parce que je répéterais ce
que j'ai dit pour la *fig.* 9.

La théorie qui dirige dans la conduite de ces rameaux
a pour but important de créer des branches latérales
au fur et à mesure qu'ils se développent sur la tige,
de les espacer à des distances jugées convenables, afin
qu'elles ne forment aucune confusion durable, et de
faire en sorte que ces branches conservent entre elles et
la tige un équilibre parfait. Cette théorie sera expliquée
à mesure que nous nous occuperons d'arbres plus avancés
en âge ; mais, avant de quitter cet exemple, je ferai remarquer la position des yeux destinés au prolongement
de ces différentes branches.

En général, les yeux placés en dessous devront être
préférés, à moins de circonstances particulières que j'ai
expliquées en parlant du rameau **E**, *fig.* 9. Il est encore
un autre cas qui empêche l'observation de cette règle :
c'est lorsqu'il sera nécessaire de bifurquer une branche,
ou de l'éloigner d'une de ses voisines pour la rapprocher
d'une autre. Ceci se pratiquera en taillant sur l'un des
côtés, qui sera désigné par le besoin. Les bifurcations
devront toujours être établies sur les branches les plus
vigoureuses, avec l'attention qu'elles les partagent de
droite à gauche, *et vice versâ*. Il est toutefois beaucoup
de cas où il est nécessaire de les établir en dessous, mais
jamais en dessus, parce que la création d'une branche
dans ce sens ferait périr tôt ou tard celle qui lui aurait
donné naissance.

Il est beaucoup d'arbres de l'âge de ceux qui nous
occupent qui sont plus ou moins forts que ceux que j'ai
figurés. Les principes des opérations qu'ils exigent sont

les mêmes, sauf les modifications nécessitées par la vigueur des individus

Troisième taille, *fig.* 11. Cet arbre est le résultat de la deuxième taille, *fig.* 10.

La branche n° 1 est restée sans être taillée ; on en voit les résultats. Celle n° 2 a été taillée à cinq et six pouces ; on voit qu'elle a donné naissance à trois rameaux. Celui qui est destiné à la continuation de cette branche devra être taillé vers le quatrième œil en raison du sens où on peut l'observer ; considération à laquelle pourtant il ne faut pas toujours s'arrêter sans un examen bien approfondi. Après s'être rendu compte de l'œil le plus favorablement placé selon les principes que j'ai expliqués à la seconde taille, on se présentera en face de cette branche en portant la main gauche au dessous de la partie que l'on veut opérer, le pouce placé en arc-boutant sous l'œil ; le taillant de la serpette sera porté sur l'endroit même où doit se faire l'opération, en lui faisant prendre la direction que l'on veut donner à la plaie ; et, par un tour de main habile et vigoureux, l'amputation sera faite. Ensuite, on réformera totalement le rameau placé en dessus de la branche, en conservant toutefois un peu de couronne du côté qui offrira le plus d'espoir de donner un dard ou brindille qui, devenu branche à fruit, ne forme aucune confusion.

Le troisième rameau sera conservé pour former une bifurcation ; on le taillera sur le troisième œil, comme étant le plus propre à la continuer.

La branche n° 3 ne diffère de celle n° 2 que parce que le rameau destiné à la continuer sera taillé sur le cinquième œil. Le rameau qui existe à la base de cette branche sera conservé entier dans le but d'en faire une branche à fruit.

Le n° 4 représente une brindille de deux années, qui, comme on peut le voir *fig.* 10, avait été disposée à la formation d'une bonne branche latérale. Mais l'œil terminal a été avarié ou détruit, ce qui l'a empêché de remplir le but proposé ; et, comme elle est réduite à l'état de branche à fruit, il serait difficile de la faire changer d'état sans opérer des suppressions considérables sur toutes les autres branches de son voisinage.

Le n° 5 représente une branche en avant qui ne permet pas de déterminer la longueur des deux rameaux vigoureux dont elle est munie, et que l'on disposera de manière à former une bifurcation. L'autre petit rameau formant un dard sera conservé précieusement, afin d'en faire une branche à fruit.

Le n° 6 porte deux rameaux. Celui qui termine la branche sera probablement taillé sur le quatrième œil, ce que je ne peux déterminer positivement, parce qu'il se trouve peu apparent. Le rameau supérieur sera traité comme celui du même genre placé sur la branche n° 2.

Le n° 7 désigne une branche terminée par un rameau dont on n'a pu fixer le point où il doit être taillé, parce que plusieurs yeux sont masqués par la position. On remarque que la première taille sur cette branche a été établie à trois pouces ou environ, ce qui a conservé deux yeux. Le terminal était un peu faible, comparativement au second ; mais, lorsque ce dernier s'est développppé, on l'a pincé de façon à le maintenir pour ainsi dire dans un état d'*inertie*.

Le n° 8 est dans le même cas que le n° 5, mais vu plus en face ; on remarque qu'à l'époque du développement de cette branche, *fig.* 10, elle offrait un très petit volume ; mais la position rapprochée de la première taille lui a permis de prendre un très grand développement; c'est ce qui oblige quelquefois à pincer ces productions, afin qu'elles ne prennent que les dimensions propres à la formation des branches latérales, sans menacer l'existence de la tige.

La branche nᵒ 9 est à peine apparente ; elle porte un rameau de deux pieds et demi ou environ de longueur; il sera taillé sur le cinquième œil, afin de le mettre en concordance avec ceux qui sont opérés. Le reste des opérations est tout à fait semblable à ce qui a été dit pour la première et la deuxième taille. D'après les principes que je viens de poser, j'ai cru pouvoir me dispenser de donner des figures de la quatrième et de la cinquième taille; seulement il m'a paru nécessaire de donner les résultats de cette dernière et les dispositions de la sixième taille.

On voit que les différentes tailles sur la tige de l'arbre représenté *pl. VI, fig.* 1, n'ont pas été faites dans une égale proportion, puisque la seconde et la troisième sont assez rapprochées de la première. Il est probable que cette première avait été un peu trop alongée, ou que sa vigueur paraissait ralentie lors de cette opération. On remarque que cet arbre a donné des fruits, puisqu'il est déjà muni de quelques bourses. C'est par cette même raison que les branches à fruit commencent à se multiplier. Sur un arbre de cette vigueur, il est bon d'en avoir un assez grand nombre, dussent-elles former un peu confusion, afin d'arrêter un peu son développement. C'est surtout dans sa partie supérieure que l'on doit chercher à les multiplier, parce qu'elle en est le moins pourvue. La partie inférieure en est suffisamment garnie; plusieurs des branches latérales de cette partie sont même arrivées au point où il est prudent de diminuer le nombre de leurs boutons, afin de ne pas trop les fatiguer. On y parviendra en réformant quelques unes de ces branches à fruit.

C'est ainsi que les réformes se feront successivement, soit en partie, soit en totalité, à mesure qu'une branche ou l'arbre lui-même s'affaiblira. On remarque sur cet arbre les différentes tailles des branches latérales qui ont été faites dans la longueur de six à huit pouces; néanmoins, pour des arbres plus vigoureux, la taille devra être faite beaucoup plus long, ce qui pourra être fixé à la moitié des rameaux toutes les fois qu'ils seront dans une position convenable à l'organisation de la pyramide. Il est rare que l'on soit contraint à leur donner un plus grand développement pour les faire rapporter ; cependant je me suis vu quelquefois forcé d'arquer quelques rameaux propres à la formation ou à la continuation des branches latérales.

Cette méthode, que je n'admets que dans des cas rares pour les arbres extrèmement vigoureux et rétifs, devra être attentivement observée, attendu que des branches ainsi arquées se chargent d'une très grande quantité de fruits, qui bientôt diminueront l'extrème vigueur de l'arbre. Mais il ne faut pas attendre qu'il soit trop affaibli pour réformer ces parties. Le moment est convenable lorsqu'il s'est formé une quantité suffisante de branches à fruit sur d'autres parties que celles dont nous venons de parler. Cette méthode, préconisée par Cadet de Vaux, ne donne aucune garantie contre l'appauvrissement des arbres ainsi traités ; ce qui arrive instantanément. Si toutefois les terres sont profondes et riches, les arbres pourront se soutenir plus long-temps ; mais il faudra admettre les conséquences que je viens d'expliquer; autrement les branches arquées mettront la confusion dans d'autres branches aussi utiles aux progrès des fruits, qui, dès lors, seront sans couleur, peu savoureux et mal-sains.

Lorsque les différens arbres dont j'ai parlé jusqu'alors seront suffisamment pourvus de branches à fruit, on devra les tailler beaucoup plus court que je ne l'ai indiqué. Il arrive même une époque où l'on est contraint de diminuer la longueur des branches latérales dans des proportions assez considérables, afin de concentrer la sève au profit des branches à fruit, dont on ne conserve qu'un petit nombre, surtout sur les arbres qui arrivent à l'état de caducité.

Dans cet état de choses, il est souvent prudent, pour les genres poirier, abricotier et prunier, de ravaler toutes les branches latérales sur leur couronne, afin qu'il sorte de ces parties des bourgeons vigoureux, qui, arrivés à l'état de rameaux, seront espacés entre eux et taillés très long au printemps suivant. Bientôt les pyramides se trouveront rétablies et en état de donner des fruits en abondance.

On n'attend pas toujours, pour faire cette opération, que les arbres soient arrivés à l'état de caducité. Cette époque est souvent indiquée, dans les poiriers, par la présence de plusieurs rameaux qui sont les produits des yeux inattendus qui se développent le long de la tige. Néanmoins, quand la plus grande partie des branches latérales sont encore en bon état, on se contentera seulement d'utiliser les nouveaux rameaux qui seront convenables pour le remplacement des branches appauvries ou sur le point de le devenir ; on les remplacera successivement et toujours avec avantage, parce que du jeune bois vaut mieux que du vieux. Il arrive aussi quelquefois que tout ce que je viens de dire ne peut servir de base pour déterminer à faire le ravalement des branches latérales, en ce qu'il n'est pas rare de voir des arbres du genre poirier, plantés dans des terres un peu froides, à des situations humides, qui, quoique jeunes encore, vigoureux et bien traités, sont attaqués d'une foule de chancres qui affectent d'autant plus les branches à fruit qu'elles sont plus noueuses, plus petites et plus délicates, ce qui les met hors d'état de produire des fruits ; dès lors le ravalement des branches latérales est indispensable. On aura ensuite le plus grand soin de gratter toutes les parties affectées qui se rencontreront sur la tige. Cette opération sera suivie d'un engluage de lait de chaux éteinte avec de la lessive, dans laquelle l'on aura fait dissoudre un peu de savon noir, afin de détruire cette maladie dont on attribue la cause à un insecte. (Pour les proportions de ce mélange, voyez le cinquième chapitre de la troisième partie.) Les terrains secs, brûlans, et les expositions chaudes, produisent une autre maladie connue sous le nom de *tigre*, qui, sans être aussi apparente, partage tous les désagrémens de la précédente, si elle n'est pas plus nuisible encore. Les moyens de s'opposer à cette maladie sont les mêmes que ceux que j'ai indiqués plus haut.

Avant de quitter la pyramide, *pl*. VI, je ferai remarquer la branche A, qui, parce qu'on a négligé le pincement du bourgeon, forme un rameau dans le voisinage de la dernière taille ; l'on voit combien le rameau terminal en a souffert ; l'état de décrépitude où il se trouve, joint à celui du bout de branche qui l'alimente, laquelle offre une espèce de retrait qui empêche la libre circulation de la sève, indique un mal trop grand pour espérer son rétablissement en réformant le rameau supérieur. Cette opération ne ferait qu'empirer le mal par la plaie énorme que nécessiterait cette réforme. Il vaut donc mieux faire l'opération qui a été indiquée *pl.* **IV**, *lettre* **P**. Mais ici on n'a pas la ressource de pouvoir maintenir ce rameau à la place jugée convenable; ce n'est qu'à l'aide d'un petit appareil que l'on y parviendra, mais non sans peine. A l'exception de cette branche, toutes les autres opérations n'offrent rien de particulier.

On peut également juger, par ce que j'ai dit, des opérations qui auront lieu sur les arbres plus avancés en âge et plus ou moins vigoureux, ce qui me dispense de donner d'autres figures.

Lors de la création de ces arbres, je me suis arrêté sur les différens moyens de contraindre la sève à développer les branches latérales; mais il arrive quelquefois que, pour avoir donné trop d'extension à ces branches, elles finissent par s'emparer d'une trop grande quantité de sève; ce qui rompt bientôt l'équilibre qui doit exister entre la tige et elles. Pour atteindre ce but, il faut beaucoup de prévoyance; c'est pourquoi il ne faut pas attendre que le mal soit trop grand pour le réparer, ce qui serait d'autant plus difficile que les vaisseaux séveux seraient trop ouverts dans une partie, tandis qu'ils seraient presque desséchés dans l'autre.

Supposons que l'arbre que j'ai figuré *pl.* **VI**, *fig.* 1, vienne à s'affaiblir dans sa partie supérieure, et que le rameau terminal n'ait poussé que dans la proportion de huit à neuf pouces; supposons encore que les rameaux terminaux de chaque branche latérale aient poussé dans

les proportions que la figure représente, lesquelles offrent
une grande différence, il s'agit de trouver les moyens
de rétablir l'équilibre. Si on en croyait quelques auteurs,
il faudrait tailler la partie faible très court et la partie
forte très long ; en le faisant, on aurait bientôt une dé-
sorganisation complète. C'est parce qu'elles ont été traitées ainsi que l'on voit quelques pyramides et beaucoup
de quenouilles couronnées dès l'âge de huit à dix ans, qui
n'offrent dans les jardins qu'un aspect dégoûtant. Pour
garantir ces arbres d'un tel désastre, il faut tailler la partie forte très court et le rameau destiné à prolonger la
tige très long, si même on ne le laisse entier, en incisant
alors les écorces de la tige au dessous de ce rameau pour
laisser un libre cours à la sève.

Si l'affaiblissement de l'arbre avait lieu dans la partie
inférieure, il faudrait agir dans les mêmes principes,
mais appliqués en sens inverse.

§ II. De la taille en pyramide sur pommier.

Le pommier se prête assez volontiers à cette forme ;
elle est toutefois moins employée à son égard que pour
le poirier, quoiqu'elle réussisse aussi bien. Il faut observer toutefois que le pommier ne souffre que difficilement les grandes amputations, ce qui s'oppose à l'emploi du recépage des branches latérales, ainsi que je l'ai
indiqué pour le poirier. La conduite des pommiers en
pyramide exige donc encore plus de soins que pour les
poiriers, surtout pour maintenir un égal équilibre de
la sève, qui, dans de certaines espèces, a une tendance à se porter abondamment dans les branches latérales, aux dépens du prolongement de la tige. Il faut
donc, en créant ces branches, s'efforcer de rendre la

tige dominante. Cette condition sera facilement obtenue par les moyens que j'ai indiqués dans le paragraphe précédent. Toutefois, celui de tous qui doit être d'un emploi plus répété est, sans contredit, le pincement, qui évite les fortes plaies sur la tige. Si l'on était contraint à faire des amputations, bientôt les plaies se multiplieraient, entraveraient le libre cours de la sève, et empêcheraient le développement des rameaux placés à l'extrémité de la tige; la langueur qui en serait la suite rendrait son prolongement impossible.

Supposons que l'arbre, *pl. VI, fig.* 2, soit un pommier, les opérations qu'il a subies feraient craindre que la tige fût éventée, et que l'œil destiné à son prolongement donnât des résultats fâcheux (1).

Néanmoins, pour ce genre d'arbres, on ne pourrait employer d'autres moyens, puisque celui indiqué est le seul capable de déterminer sûrement la sortie des rameaux vigoureux à la base de la pyramide; et d'autant plus que les entailles, que j'ai également conseillées en pareil cas, peuvent produire les mêmes inconvéniens, surtout si elles sont trop multipliées.

§ III. De la taille en pyramide sur abricotier.

Les précautions que j'ai recommandées à l'égard des pommiers devront être encore plus strictement observées pour les arbres à fruit à noyau, et surtout pour l'abricotier. Il n'y a, pour ainsi dire, que le pincement qui puisse donner le moyen d'obtenir des pyramides avec ce genre d'arbres. Si dans leur jeunesse on les expose à recevoir de fortes plaies, on court

(1) Cet inconvénient n'est pas à craindre pour le poirier.

risque que la gomme se mette sur la tige, y produise des chancres, et, par suite, la perte de l'arbre.

Le seul moyen d'éviter ce désastre est de pincer avec soin les bourgeons latéraux, puis ceux qui se développeront sur les branches du même nom n'en seront pas exempts toutes les fois qu'ils paraîtront attirer trop de sève dans leurs diverses parties. Cette opération aidera le développement du bourgeon destiné à prolonger la tige, et lorsqu'il est devenu rameau à bois, il sera taillé très long ou conservé entier, selon les circonstances et par les raisons que j'ai déjà données en parlant des poiriers près de se couronner. Cependant il arrive une époque où ces arbres prennent ce caractère, parce que la nature cherche toujours à reprendre ses formes. Alors les branches latérales auront pris une très grande dimension et seront, en général, dénuées de rameaux et de branches à fruit dans les deux premiers tiers de leur longueur. Il faudra profiter de ce que ces arbres seront fatigués par une trop grande production de fruits, ou choisir une année, où les gelées printanières auront détruit tous les boutons avant ou après la floraison, pour faire le ravalement de toutes les branches latérales. A la fin de l'année, elles seront remplacées par des rameaux disposés à donner des fruits abondans. Quoique cette forme soit très avantageuse, tant pour les produits que pour l'agrément de ces arbres, on devra cependant préférer celle en têtard, en ce qu'elle se rapproche davantage de celle de la nature; puis les couvertures que l'on est souvent obligé d'employer se placent avec beaucoup plus de facilité.

§ IV. Taille en pyramide sur prunier.

Le prunier offre les mêmes désagrémens que l'abricotier; il est cependant moins difficile dans sa formation, et les branches latérales se maintiennent beaucoup plus long-temps sans qu'on soit obligé de les
ravaler. Ces arbres, quoique d'une élégance et d'une
beauté à ravir, lors de leur floraison, ne peuvent
pourtant guère conserver cette forme intacte plus de
dix à douze années, en ce qu'ils ont, comme l'abricotier, le défaut de se dégarnir de rameaux et branches à fruit dans leur intérieur, ce qui contribue à
donner des récoltes moins abondantes que s'ils étaient
sous la forme en têtard, à laquelle je conseille de donner
la préférence.

Section V. — *De la taille en quenouille.*

Je ne fais pas connaître les principes de cette taille
dans l'intention de les faire adopter, mais bien pour
en indiquer les mauvais effets, et m'efforcer de la
faire proscrire. Cela n'est pas facile auprès d'un grand
nombre de pépiniéristes qui, par une ancienne routine,
s'obstinent à conserver cette forme, qui a pour eux
l'avantage de servir leurs intérêts. Il n'en sera sans doute
pas de même auprès de mes confrères et d'une foule
d'amateurs qui conviennent déjà des inconvéniens de
cette espèce de taille.

Pour mieux faire comprendre les dangers de cette
méthode, j'ai figuré, *pl. VI, fig.* 2, une quenouille sortant des mains d'un pépiniériste. Cette figure représente
un arbre de trois ans, âge auquel ces commerçans les li-
vrent. Cet arbre est une crassane, espèce très vigoureuse

qui, comme on peut le voir, a des rameaux très étendus
dans sa partie supérieure, tandis que dans l'inférieure
ils sont très courts, et la plupart couronnés par des
boutons. Ces petits rameaux sont souvent rompus par le
transport ; ceux qui échappent sont disposés à prendre le
caractère de branches à fruit. La plantation vient exciter
encore cette abondante fructification prématurée. Il paraît
tout naturel de conserver tous ces boutons dont la grande
quantité de fleurs suffit pour énerver le jeune arbre dont
les racines peuvent à peine fournir à ses premiers besoins ;
et comme les parties qui se mettent à fruit ne rendent
rien aux racines, qu'au contraire elles absorbent beaucoup de sève, il en résulte un appauvrissement complet
que les feuilles ne peuvent pas réparer. Elles sont d'ailleurs rares sur de tels arbres en comparaison des fruits,
ce qui fait dire avec admiration aux propriétaires que
leurs arbres portent plus de fruits que de feuilles. Mais
un tel état ne peut durer long-temps ; les feuilles servent
à la respiration des végétaux ; ce sont elles aussi qui aspi-
rent dans l'atmosphère le gaz nécessaire à la nutrition
des racines, et l'on peut dire avec raison que, pour
tous les végétaux ligneux, il n'y a point de végétation durable sans le secours des feuilles. On peut donc
conclure que ces arbres qui n'en sont pourvus que
d'une petite quantité ne pousseront qu'en proportion de ce nombre ; c'est pourquoi ils vont toujours
en dépérissant ; à moins que, plantés dans une terre
de prédilection et dans une atmosphère humide, la nature fasse plus que l'art ; alors ils prennent de l'accroissement. Mais encore, s'ils sont dirigés par une main
inhabile, ils ne produisent que pendant les premières
années, parce qu'ils sont bientôt mutilés par la serpette

ou le sécateur (1), qui les retient dans des bornes trop limitées. Dès lors, tous les dards ou brindilles prennent le caractère de branches à bois que l'on casse et mutile de nouveau sans en obtenir aucun succès.

J'ai cru devoir faire ce tableau exact de la conduite des quenouilles, ce que le lecteur pourra vérifier en parcourant les jardins où il s'en trouve, afin de dégoûter de cette forme. Cependant, en soumettant les quenouilles à la forme en pyramide, on peut en obtenir des produits considérables en fruits, dont on est même étonné en en faisant la cueillette. Voyons par quels moyens on peut restaurer ces quenouilles.

Le besoin de changer la forme des quenouilles se fait sentir dès le moment de la plantation. La première opération consiste à retrancher toutes les branches et rameaux vigoureux placés à l'extrémité de cette quenouille, comme l'indique la *fig.* 2, *pl. VI.* Il y a lieu de penser que, sur la couronne de chacune de ces branches, il sortira des bourgeons assez vigoureux pour appeler la sève dans ces parties. Si quelques uns y croissaient avec trop de vigueur, comparativement à ceux des parties faibles, il faudra avoir soin de réformer les plus forts aussitôt qu'ils paraîtront ; les plus faibles seront conservés en nombre suffisant à la création des nouvelles branches, dont plusieurs de ces bourgeons seront pincés très sévèrement aussitôt qu'ils auront acquis la longueur de

(1) Instrument à la mode et qui fait honte aux jardiniers qui s'en servent pour faire les opérations de la taille, en ce qu'il mutile les plaies et souvent les yeux sur lesquels on fonde ses espérances. Cet instrument n'est vraiment admissible que pour la taille de la vigne et de quelques arbrisseaux épineux sur lesquels cette coupe se fait éloignée de l'œil , et dont on n'exige pas le recouvrement des plaies faites par son action.

deux à trois pouces, pour n'avoir plus rien à craindre de leur trop de végétation.

Tous les boutons qui se rencontreront sur cette quenouille devront être retranchés lors de leur épanouissement, sans attendre l'époque de la floraison. Lors de cette opération, on aura le plus grand soin à ce que le pédoncule de chaque fleur reste attaché à l'extrémité du rameau, qui dans cet état prend le caractère de bourse. Celle-ci produira un ou deux petits bourgeons qui prendront d'autant plus de volume que les arbres seront plus vigoureux. A l'époque de la seconde taille, il se trouvera sur ces arbres une très grande quantité de boutons qu'il faudra détruire, comme je l'ai indiqué dans la première taille.

Le reste de l'opération est conforme à ce que j'ai dit pour les pyramides.

A l'époque de la troisième taille, si les arbres sont vigoureux, on pourra leur laisser quelques boutons sur les parties les plus fortes, ce qui aidera à équilibrer la sève. Au fur et à mesure que ces arbres prendront de la force, on en augmentera le produit ; et, lorsqu'il sera proportionné à la vigueur des individus, leur durée égalera celle des pyramides dont ils ne différeront plus alors.

C'est ainsi qu'on peut rétablir les quenouilles qui n'auront subi que les mauvaises opérations des pépiniéristes ; mais si ce sont des arbres plus âgés, et mutilés par un jardinier mal-adroit, et qui soient couverts de têtes de saule, le seul moyen à employer est de ravaler toutes les branches latérales. Ensuite on les traitera d'après les principes que j'ai indiqués en parlant du ravalement des vieilles pyramides.

CHAPITRE III.

DES TAILLES ANCIENNES ET HÉTÉROCLITES.

§ I. Résumé de la taille à la Quintinye, à la Montmorency
et à la Montreuil.

Parmi les différens modes de taille que le célèbre
professeur André Thoüin a réunis dans l'école d'agriculture du Jardin du Roi sous cette dénomination, je
mentionnerai tous ceux qui m'ont paru pouvoir être
de quelque avantage aux cultivateurs, et utiles à leurs
méditations. Quant aux tailles qui sont connues sous la
dénomination de taille à la *Quintinye*, à la *Montmorency*, à la *Montreuil*, cette dernière, qui n'est rien moins
qu'une amélioration des deux précédentes, a été préconisée par une foule d'auteurs, qui n'ont pas craint
d'avancer que la méthode de Montreuil était préférable
à toutes celles connues. Cependant, il faut convenir, avec
M. *le comte Lelieur de Ville-sur-Arce* (1), que les cultivateurs de ce pays n'ont rien gagné depuis plus d'un siècle.
Les éloges qu'en ont faits l'abbé *Roger Schabol, Leberriays,
Decomble, Butret,* etc., ont pu être mérités lors de l'apparition de ces divers écrivains ; mais l'école nouvelle les
a dépassés pour long-temps ; cependant, depuis quelques
années, on remarque un certain nombre de jeunes gens

(1) Voyez sa *Pomone française*, publiée en 1816, page 248.

qui ont amélioré le système de leurs pères; espérons que les connaissances de physiologie végétale qu'ils acquièrent aujourd'hui, et dont ils ont senti toutes les conséquences, rétabliront la réputation d'un pays qui servit de régulateur à une foule de cultivateurs et d'auteurs distingués du dernier siècle.

§ II. Taille en éventail à la Sieulle, sur pêcher.

Je dois prévenir le lecteur que pour avoir quelques résultats satisfaisans de cette taille il est indispensable d'avoir des arbres plantés dans une terre des plus propres à la culture de cet arbre. La théorie en est simple et facile à comprendre : elle consiste, lors du printemps qui suit la plantation, à étêter les arbres à quatre ou six pouces au dessus de la greffe, puis on admettra toutes les conséquences que j'ai développées lors de la taille moderne en Vouvert : à la seconde année, on aura les deux rameaux propres à la formation des deux ailes; ces rameaux ne devront pas être taillés par leur extrémité, condition qui devra se perpétuer chaque année sur le rameau qui viendra successivement s'établir à l'extrémité des branches-mères; celles-ci, en s'alongeant, prendront la forme d'une large arête de poisson. Les opérations qu'il y aura à faire pour obtenir ce résultat ont été suffisamment décrites dans le cours de cet ouvrage pour me dispenser d'en faire la répétition. Quoique cette taille soit vicieuse par rapport au vide immense qu'elle laisse sur les murailles où on l'établit, l'auteur, en la professant, n'a pas moins jeté de très grandes lumières sur l'art de cultiver le pêcher et autres arbres, puisqu'il prouve, d'une manière incontestable, que, loin d'affaiblir des rameaux vigoureux en se dispensant de les tailler, cela n'a servi qu'à augmenter la vigueur des branches qui s'en est suivie. J'en appelle ici à témoin une foule de curieux et amateurs de pêchers qui ont vu, dans les superbes jardins de M. le duc de Choiseul, à Vaux-Praslin, près Melun, des pêchers traités par cette méthode, et dont plusieurs avaient une envergure de soixante-dix-huit pieds (1). Ces branches n'auraient été raccourcies qu'autant que quelques accidens auraient eu lieu à l'extrémité des rameaux destinés au prolongement de chacune d'elles. Ces faits assez rares sont loin de prouver que l'on ait taillé court; du reste, l'inspection que j'en ai faite en 1817 m'a mis à même de juger de cette assertion (2); aucune plaie n'était apparente sur les mères-branches, il fallait avoir l'œil exercé pour y reconnaître quelques opérations. J'ai dit plus haut que ces branches avaient été établies en forme d'arête de poisson, assez bien garnies de branches coursonnes; cependant quelques petits membres inférieurs y avaient été pratiqués par le même procédé, mais généralement maigres, en ce que la sève les néglige pour se porter aux extrémités des mères-branches.

(1) Je doute fort que nos anciens auteurs, et quelques modernes qui les ont copiés, trouvent ici leur compte, eux qui veulent que tailler une branche longue soit un moyen de l'affaiblir, ce qui est vrai pour celles qui sont languissantes ou démesurément chargées de fruits. Cette définition laisse un grand problème à résoudre, puisqu'il arrive constamment le contraire pour les branches et rameaux forts ou plus faibles que ceux qui leur sont parallèles. (Voyez ce que j'ai dit en parlant de ces diverses branches , *page 25, ligne 11ᵉ et suivantes.*)

(2) Cependant, j'ai appris depuis que ces branches ont été réduites au régime de toutes les autres, aussitôt que les rameaux de prolongement sont devenus assez faibles pour prendre le caractère que j'ai indiqué comme étant à fruit du troisième ordre.

§ III. Taille en demi-éventail ou en espalier oblique.

C'est chez **M.** Noisette, cultivateur distingué de la capitale, que j'ai vu le plus grand nombre d'arbres soumis à cette forme. Pour s'en faire une idée frappante, il suffit de se représenter la moitié d'un arbre conduit en **V** ouvert : pour parvenir à ce but, lors de la plantation, on aura soin d'incliner la tige de chaque arbre du côté où viennent les rayons les plus directs du soleil, afin d'éviter leur action perpendiculaire sur les grosses branches et le tronc ; lors de la taille, cette tige devra être traitée chaque année comme le serait une mère-branche conduite en **V**. On comprend que, par un tel mode, chaque arbre se trouve n'avoir qu'un point de départ, ce qui constitue la branche-mère, et lui fait prendre le double du volume qu'elle aurait pris étant conduite de la manière ordinaire. On comprend également que cette grosseur leur retire de la souplesse et les met souvent dans l'impossibilité de pouvoir être abaissés selon le besoin. Je dois aussi prévenir que la partie supérieure de ces branches est beaucoup plus sujette au développement des gourmands, et plus difficile à mâter que celles sur des branches d'une autre dimension. Il y a également de l'inconvénient dans l'extrême longueur des branches-mères, quoiqu'il soit facile de les imbriquer les unes sur les autres pendant quelques années ; mais bientôt tout l'espace se trouve pris, et la confusion vient régner au milieu de vos plus belles jouissances. Sans être partisan de cette taille, je dirai que l'idée est ingénieuse et admissible pour les terres maigres et peu substantielles, et si, lors de la plantation, on pouvait juger de la vigueur de ces arbres, on pourrait, par cela même, en fixer l'espace, et sans espérer des jouissances aussi agréables que celles que l'on éprouve en face d'un arbre bien conduit en V ouvert, on pourrait en obtenir les mêmes produits.

§ IV. Taille en éventail-palmette.

Les arbres soumis à cette taille sont ordinairement des quenouilles, des poiriers et pommiers dont on a supprimé le canal directeur de la sève, à trois ou cinq pieds de l'insertion de la greffe. Elles sont plantées contre un mur, sur lequel on fixe toutes les branches qui croissent à droite et à gauche de la tige. Les opérations qui leur sont applicables sont simples, puisqu'elles consistent à les espacer entre elles de quatre à six pouces (1), et à les incliner horizontalement pour la plupart. De tels arbres partagent tous les désavantages des quenouilles, en ce que, d'une part, les branches placées à leur base restent faibles et disposées à donner beaucoup de fruit dans les premiéres années, et celles de la partie supérieure, au contraire, sont trop fortes, puisque toute la sève s'y porte. Les cultivateurs qui se piquent de quelques connaissances profitent de leur vigueur, et ne se contentent pas de les laisser à l'angle que j'ai indiqué ; ils leur font décrire une portion de cercle vers la terre, ce qui les met infailliblement à fruit. Mais il se développe alors des rameaux très vigoureux en dessus et près de l'insertion de ses branches, ce qui les fait périr après quelques années de produit,

(1) Ce qui est trop rapproché pour le bien-être des branches à fruit.

quoique l'on cherche à éviter ce désastre en inclinant ces rameaux de bonne heure; mais, arrivés à leur tour à l'état de branches productives, ils sont aussi détruits par de semblables rameaux.

On voit, par ce court exposé, que la sève et les fruits sont très mal répartis sur ces arbres; mais cette forme plaît à quelques propriétaires, en ce que ces arbres donnent, comme les quenouilles, des jouissances rapides, mais peu durables. Dix années d'existence sont souvent trop dans les terres médiocres, et si, comme je l'ai dit pour les quenouillles, il se trouve de ces arbres plantés dans de bonnes terres, ils finissent par s'emporter. Dans ce cas, le jardinier, même instruit, est souvent contraint de mutiler ou d'entasser les branches dans la partie supérieure, en ne pouvant trouver à les placer.

§ V. Taille en éventail queue de paon.

Cette taille est une amélioration de la précédente; sa formation consiste à retrancher les quenouilles à quinze ou dix-huit pouces de l'insertion de la greffe; tous les bourgeons latéraux qui croîtront à gauche et à droite de cette tige seront réservés et palissés d'abord à un angle peu incliné; le terminal devra être pincé avec soin, afin de l'empêcher de prendre du développement. A la deuxième taille, ce rameau sera taillé très court sur un œil derrière, si la chose est possible; les rameaux latéraux seront taillés et placés de manière à correspondre avec le terminal, afin de présenter par leur ensemble la figure d'une queue de paon.

Ce qui vient d'être dit de la deuxième taille devra

être rigoureusement observé pendant les années suivantes, en veillant à ce que chacune des branches
latérales soit inclinée au fur et à mesure des besoins.
On voit que cette taille demande peu de théorie et
doit être préférée aux palmettes ; car, en suivant exactement ce que je viens de prescrire, la sève se portera difficilement au centre de la partie supérieure,
ce que l'on ne peut éviter dans les palmettes.

<h3 style="text-align:center">§ VI. Taille en éventail à la Forsyth.</h3>

Quelques personnes ont regardé cette taille comme de
nouvelle invention ; mais des recherches assez récentes
prouvent, au contraire, qu'elle est très anciennement
connue, puisque Legendre, curé d'Hénonville, en parle
dans un traité publié à Paris, en 1684. Lorsque j'étais
jeune homme, mon père me fit une simple analyse de
cette forme, et me dit que plusieurs de ses confrères la
lui avaient décrite sous le nom de taille à la *per omnia*
par rapport aux branches charpentières placées horizon·
talement, à l'imitation du prêtre à l'autel, ayant les
bras ouverts, prononçant ces mots; on lui a aussi
donné, par erreur, divers autres noms, comme en éventail - candélabre étagé, en éventail-girandole étagé, et
enfin à la Du Petit-Thouars. Cette taille, qui est exclusivement affectée pour les pêchers, est généralement rejetée par la difficulté d'avoir des murailles d'au moins
dix-huit pieds de hauteur pour les y recevoir. Leur peu de
durée est aussi une des causes qui l'ont fait rejeter ; car il
est rare de voir des pêchers soumis à cette forme qui puissent la conserver plus de huit à dix années, époque où
ils sont arrivés à l'état de caducité, et à laquelle il ne
faut plus espérer d'en obtenir des produits.

La théorie de cette taille consiste à planter, dans une terre substantielle et profonde, des jeunes sujets d'une année de greffe. Lors du printemps, chaque tige devra être étêtée à huit ou dix pouces au dessus de la greffe, et sur un œil propre à la continuer perpendiculairement ; les bourgeons qui en sortiront devant et derrière seront ébourgeonnés d'aussi bonne heure que possible ; ceux à droite et à gauche seront réservés et palissés sans trop les déranger de l'angle d'inclinaison qu'ils occupent : par suite de ce travail, on devra admettre les conséquences que nous avons développées en décrivant les principes d'équilibrer la sève. A la seconde taille, on aura soin de ne pas retrancher l'extrémité du rameau qui doit continuer la flèche, puis on choisira deux latéraux des plus forts et aussi correspondans que possible, on les fixera horizontalement pour ne les plus changer ou sortir de cette position ; ce qui formera le premier étage. Ils devront également rester dans toute leur longueur, afin de conserver l'œil terminal qui donnera, à son tour, un nouveau rameau qui, à l'avenir, sera traité de même. Quant au rameau qui doit prolonger la tige dont nous venons de parler, s'il a poussé avec vigueur, comme de cinq à six pieds, et qu'il soit muni de faux rameaux, on en choisira deux correspondans distancés d'à peu près deux pieds du premier étage, afin que ceux-ci forment le second. *Cette distance de deux pieds est celle adoptée pour tous les étages que l'on établira à l'avenir.* Quand les arbres poussent avec une vigueur extraordinaire, et que le même cas des faux rameaux se présente, on en dirige deux autres avec lesquels on établit le troisième, autrement on attend leur développement. Tous les autres rameaux seront indistinctement taillés assez court pour former plus tard des branches coursonnes dont les opérations futures ne différeront en rien; ce qui me dispense d'entrer dans de plus longs détails à leur sujet. Lors des opérations d'été qui auront lieu par suite de cette seconde taille, ils devront être en rapport à ceux de la première, et ainsi de suite pour les années subséquentes; la troisième taille se fera d'après les principes développés dans la seconde : il en sera de même pour la quatrième, cinquième, etc. On voit que, par cette espèce de taille, on peut amener les arbres à donner une très grande quantité de fruits en peu d'années, mais toujours aux dépens de leur longévité; on peut aussi remarquer qu'elle n'est admissible que dans quelques localités particulières, encore est-elle toujours très précaire par rapport à la conservation de la tige ; ce qui donne à la sève une direction verticale qui, par cela même, abandonne les branches horizontales pour se porter à l'extrémité de la flèche, qui, à son tour, ne tarde pas à dépasser les murs les plus élevés. Cette taille a reçu diverses modifications qui ont toutes pour but de prolonger l'existence de ces arbres et de pouvoir les cultiver le long des murs moins élevés: nous croyons utile d'en donner une simple analyse.

§ VII. Deuxième mode de la taille à la Forsyth.

Ce second mode ne diffère en rien du premier sous le rapport de la plantation et de la première taille; la seconde en diffère essentiellement en ce que, si le rameau destiné à continuer la flèche est vigoureux, *ce qui est assez général*, il sera taillé à trois pieds ou environ, mais toujours avec une combinaison telle que l'œil terminal soit capable de continuer son prolongement sans former de coude; puis deux autres yeux au dessous, et aussi rapprochés qu'il sera possible de lui, seront en état de donner naissance à deux branches charpentières opposées et aussi en rapport de vigueur que possible : cette opération sera répétée successivement d'année en année ; il s'en-suivra de là que ces branches se trouveront placées sur la tige à des distances à peu près égales ; lors de leur jeunesse, elles devront être traitées avec soin, afin qu'elles puissent, s'il est possible, prendre de l'ascendant sur la flèche. C'est à cet effet qu'elles ne devront être abaissées que graduellement et dans des proportions à peu près égales à celles qu'emploie la nature ; les diverses opérations qu'il y aura à faire à ces branches par suite de leur âge sont tout à fait en rapport avec les principes que j'ai développés dans le cours de cet ouvrage ; il en est de même pour leurs branches adhérentes et coadhérentes. Quoique ce mode ne soit pas sans inconvénient, il est préférable au premier et peut être mis en usage dans quelques localités pour garnir provisoirement, et en peu d'années, l'intervalle des arbres du même genre , soumis à la taille moderne en V ouvert, dont l'existence est infiniment plus assurée.

§ VIII. Troisième mode de la taille à la Forsyth.

Ce troisième mode est aussi en usage dans quelques jardins ; il ne diffère de celui qui vient d'être décrit qu'en ce que, au lieu d'une tige, il y en a deux distan-cées entre elles d'environ dix pouces , ce qui donne par leur ensemble la forme d'un U (1). J'ai vu dans le

(1) M. Fanon nous a décrit ce mode de taille dans un ouvrage publié en 1807, et dont j'ai reproduit une figure *pl. VII, fig.* 1. Cet auteur recommande cette forme comme très propre à mettre promptement à fruit les pommiers et poiriers; il ne la conseille nullement pour les arbres à fruit à noyau, en ce qu'il la considère

superbe jardin de **M. Boursault**, chaussée d'Antin, à Paris, des pêchers de huit années soumis à cette forme sur une muraille de dix-huit pieds. Ces arbres étaient d'une beauté à ravir et répondaient parfaitement à toutes les magnificences d'un établissement auquel l'habileté de mon confrère, **M. David**, n'a pas peu contribué. Pour parvenir au but désiré, lors de la première taille, on coupera la tige à quatre ou six pouces au dessus de la greffe, sur deux yeux, dont l'un aura la direction à droite et l'autre à gauche. Les bourgeons qui s'en développeront donneront naissance aux deux tiges dont nous venons de parler. Ces bourgeons devront être amenés graduellement, pendant la durée de leur pousse, à une inclinaison de 45 degrés. Cet angle ne devrait avoir lieu sur chacune d'elles que dans des proportions de six à sept pouces pris dans la partie la plus rapprochée du tronc, puis le reste devra être relevé aussi perpendiculairement que possible, ce qui donnera la forme indiquée. Si, à la seconde taille, ces deux tiges sont vigoureuses, elles seront taillées dans des proportions égales d'environ quatre pouces de leur coude, en choisissant sur chacune d'elles un œil propre à les continuer aussi droites que possible ; puis il est extrèmement important qu'à peu de distance de ces yeux, il se trouve, sur chaque tige, un autre œil qui, lors de son développement, donnera naissance aux deux premières branches charpentières. Si, par suite de cette opération, l'arbre continue à pousser

comme de peu de durée. M. Bengy-Puyvallée est d'un avis diamétralement opposé dans un *Mémoire* lu à la Société d'agriculture du département du Cher, publié à Bourges en 1831. Ce mode, auquel il a fait quelques modifications, paraît lui donner les meilleurs résultats.

avec vigueur, la troisième taille sera pratiquée sur chaque tige à environ un pied et demi, mais toujours d'après des combinaisons semblables à la seconde; la quatrième, la cinquième, etc., seront traitées comme il vient d'être dit plus haut. Si l'arbre pousse faiblement, comme de deux à trois pieds, pour les plus forts rameaux, on attendra que la tige soit assez forte pour donner naissance à une autre série de branches charpentières, ce qui se fait rarement attendre plus d'une année; dans ce cas, le prolongement de la tige se fera dans des proportions beaucoup moindres que dans les causes précédentes. Quant au reste des opérations à faire sur ces arbres, nous devons nous dispenser d'en parler, en ce qu'ils ont été suffisamment développés en parlant du second mode, duquel celui-ci ne diffère que par la forme qui demande plus de savoir et plus d'assiduité.

§ IX. De la taille en U , par M. Bengy-Puyvallée.

Cette taille offre quelque différence de celle que nous venons de décrire; dans celle-ci, l'U doit avoir une largeur de deux pieds, puis cet intervalle doit être garni de branches coursonnes, que l'on aura soin de maintenir en santé; il en sera de même de toutes celles qui se trouveront à l'avenir sur toute la surface de l'arbre. Quant aux branches horizontales (1) établies en dehors de l'U, elles devront toujours être parallèles et distancées entre elles de deux pieds (2),

(1) Il serait mieux de donner à ces branches le nom de *charpentières*, en ce qu'il est beaucoup de branches coursonnes qui ont une direction horizontale; du reste, les branches à qui l'auteur donne ce nom ne doivent avoir cette direction qu'à la troisième ou quatrième année.

(2) Au moment de publier cette seconde édition, un amateur

ce qui donnera les avantages d'en établir quatre sur des murs de neuf pieds. La formation de ces branches aura lieu par suite des opérations dont il va être parlé : la première taille a pour but d'étêter l'arbre à quatre ou six pouces de la greffe, sur deux yeux correspondans, pour en obtenir deux bourgeons dont les soins du palissage et autres travaux d'été ne diffèrent en rien de ce que nous avons répété dans le cours de cet ouvrage. Lors de la seconde taille. M. de Puyvallée conseille de couper ces rameaux à dix - huit pouces de leur naissance, puis il les incline, au dessous de l'angle, de 45 degrés, puis tous les bourgeons qui se développent en dessus de ces branches seront pincés très rigoureusement et à plusieurs reprises ; les autres seront traités comme il est dit à l'article de l'ébourgeonnage et du pincement, etc. A la troisième taille, l'auteur s'occupe du prolongement de ces deux branches horizontales, qui pour cela doivent être alongées de deux pieds et inclinées davantage ; puis, à l'exception d'un rameau choisi en dessus de chacune de ces branches, et à la distance d'un pied de la perpendicularité du tronc, tous les autres doi-

très distingué, M. Desmazières, est venu me proposer d'établir ces branches à un pied, et ne leur laisser de production qu'en dessus, ce qui leur donnerait un peu l'aspect d'un cordon de vigne. Je me propose de suivre cette idée nouvelle, mais sur laquelle je n'ai pas une très bonne opinion, en ce que la sève n'étant attirée qu'en dessus, il se pourrait qu'un assez grand nombre de branches coursonnes prissent beaucoup trop de développement, ce qui empêcherait le prolongement des charpentières ; cependant' il ne faut pas s'arrêter à une telle pensée, en ce qu'il n'y a que les faits qui donnent le droit de juger : c'est à ces fins que j'engage les amateurs d'en tenter l'expérience.

vent être taillés en coursons ; les deux réservés dont
nous venons de parler, qui, par leur position, commencent à former l'U , seront taillés à un pied de
long, et pour qu'ils ne prennent pas trop d'extension,
tous les bourgeons qui s'y développeront devront être
pincés à diverses reprises, afin qu'ils restent, selon
l'expression de l'auteur, *à l'état médiocre*. La quatrième taille est faite sur les branches horizontales,
dans une longueur à peu près égale à la troisième ;
puis, à cette époque, il leur fait prendre la position
du nom qu'il s'est trop pressé de leur donner, *comme
horizontale*, c'est l'angle duquel elles ne doivent plus
sortir ; puis les rameaux qui viendront les prolonger
chaque année devront toujours décrire une portion
de cercle, afin que leurs extrémités regardent le ciel.
Quant aux deux branches disposées à la formation de
l'U, on se rappelle qu'elles ont été taillées pour la
première année à un pied ; pour la seconde elles le seront
dans des proportions semblables, ce qui leur donnera
deux pieds d'élévation. C'est à ce point qu'il faut
faire mettre sur chacune d'elles une nouvelle branche
horizontale ; pour les obtenir, M. Bengy-Puyvallée
emploie les mêmes procédés que moi, en voulant
donner naissance à des branches sous-mères et secondaires inférieures ; dès lors j'y renvoie mes lecteurs.
Si, par suite de cette opération, les bourgeons disposés à prolonger l'U paraissaient vouloir pousser avec trop
de vigueur, *ce qui est assez ordinaire,* on les pince-
rait comme il a été dit lors de leur première année,
excepté un bourgeon sur chaque aile, qui sera destiné à former les secondes branches horizontales ; à cette
précaution, on joindra celle de les tenir d'abord peu

inclinées, en ce que ce n'est qu'à leur troisième taille qu'elles prendront l'angle horizontal ; en attendant, elles seront traitées comme l'ont été les deux premières ; il en sera de même pour toutes celles du même genre, qui doivent naître tous les deux ans, ce qui complétera la formation d'un tel arbre à la neuvième année. Quant aux branches coursonnes, établies sur toutes les parties de la charpente, elles ne diffèrent en rien des autres ; dès lors il serait superflu de traiter plus long-temps cette matière. Je crois également inutile d'entrer dans de plus grands détails relatifs à cette méthode. Cette simple analyse suffit pour que le lecteur puisse l'apprécier à sa juste valeur ; quant à moi, elle m'a paru très propre à prouver l'habileté de son auteur ; et la peine qu'il a prise à nous la développer prouve également une longue suite d'expériences et une sagacité peu ordinaire. Quelques unes de ces connaissances sont longues à acquérir, les autres peu accessibles pour des intelligences ordinaires ; puis la nécessité d'un pincement rigide et très assidu fait que ce mode de taille ne sera adopté que par quelques amateurs, dont le temps et les connaissances pourront être mis en rapport avec ceux de M. Bengy-Puyvallée.

§ X. Taille en éventail Fanon.

Cette taille, qui a aussi la forme d'un U, peut être mise en usage avec succès pour des arbres vigoureux, des genres poirier et pommier (voy. *pl. VII, fig.* 1). Cette taille consiste à retrancher le canal direct de la sève, à quelques pouces au dessus de l'insertion de la greffe, à établir ensuite deux rameaux qui partageront le tronc en deux parties égales. Ces deux rameaux seront maintenus perpendiculairement et distancés entre eux de six pouces ou environ.

A la première taille, ces rameaux seront opérés de manière à ce que les yeux terminaux combinés soient propres à continuer le prolongement des branches, sans former de coude désagréable. Les yeux destinés à la création des deux premières branches latérales devront suivre les yeux terminaux d'aussi près qu'il sera possible, et dans le sens où sont placées ces branches. Si quelque circonstance obligeait à laisser des yeux intermédiaires, ils devront être éborgnés lors de la taille, ou au moins réformés pendant le premier ébourgeonnage.

Les bourgeons réservés devront être palissés et rapprochés autant que possible de la perpendicularité. A la seconde taille, les deux rameaux destinés à la formation des deux premières branches latérales seront placés à l'angle où ils se trouvent (1), avec la précaution de les laisser dans toute leur étendue. Ce principe sera observé pour tous ceux de ce genre qui viendront successivement s'établir sur les mères-branches, ce qui donnera aux arbres une étendue considérable en peu de temps.

La création des autres branches latérales s'obtiendra d'après les principes que j'ai développés pour les deux premières A. Quelquefois, lorsque les arbres sont très vigoureux, l'on peut obtenir la création de deux

______

(1) Ceci pourrait être modifié, parce qu'il serait avantageux de n'incliner ces branches qu'au fur et à mesure du besoin qui se ferait sentir lorsqu'elles seraient parvenues à la hauteur des murs ou du treillage sur lequel on les fixe.

de ces branches de chaque côté, comme on peut le voir par le résultat de la seconde taille aux lettres **B C.** Mais ce moyen ne doit être employé que dans quelques cas particuliers, comme celui d'une vigueur extraordinaire, et il vaut mieux s'en tenir au premier. Ces branches devront être distancées entre elles de six à huit pouces.

Lorsque les deux branches verticales seront arrivées à la hauteur des murs ou treillages sur lesquels elles sont palissées, les rameaux destinés à la continuation de ces branches seront courbés de manière à ce qu'ils ne diffèrent plus des branches latérales par leur extrémité. Ces deux branches seront greffées au point où elles se croisent par le procédé de la *greffe Sylvain* (1), qui consiste en deux entailles correspondantes faites dans l'épaisseur de l'aubier.

Les opérations des branches latérales sont extrêmement simples, en ce qu'elles ne devront éprouver aucun retranchement à leur extrémité ; mais il faudra beaucoup de soins lors du pincement, afin d'opérer tous les bourgeons qui pourraient s'échapper de la partie supérieure et en avant. Sans cette précaution, on serait exposé à ce que plusieurs de ces bourgeons s'emparassent d'une partie de la sève propre à alimenter les bourgeons destinés au prolongement de chacune de ces branches ; c'est ce qui est arrivé à la branche C. On remarquera sur cette figure que l'extrémité des rameaux destinés au

____

(1) Ces deux dernières mesures ne sont pas de rigueur, en ce qu'il suffit de les courber dans le sens des autres, pour qu'elles en remplissent toutes les conditions.

prolongement de chaque branche a été relevée, afin d'y attirer la sève et les aider à prendre plus de développement.

Les arbres ainsi traités donneront abondamment des fruits. Quoique cette taille soit peu répandue, je la recommanderai comme étant d'une exécution facile, et propre à fournir des exemples très utiles pour remédier aux mauvais traitemens de beaucoup d'arbres de ce genre.

§ XI. Taille en éventail-candélabre.

Cette taille est, sans contredit, une des plus vicieuses, parce que la sève est arrêtée dans ses mouvemens sans espoir d'obtenir des fruits abondans. Voyez la *pl. VII, fig.* 2. Toutes les branches secondaires sont placées à angle droit sur la mère-branche, ce qui les expose à prendre un grand développement. Cette vigueur oblige à les tailler très court; car si on laissait seulement une de ces branches pendant trois ans sans être taillée, elle s'emparerait de toute la sève destinée à l'alimentation de l'arbre entier; et cependant on trouve des auteurs qui prétendent que, pour arrêter la vigueur d'une branche, il faut la tailler très long. Je ne m'arrêterai pas à cette assertion, que je crois avoir victorieusement réfutée en traitant de l'équilibre de la végétation.

Je terminerai ici la description de cet arbre, parce que les opérations qui lui conviennent peuvent être parfaitement saisies par le lecteur, et que d'ailleurs je ne conseille pas d'employer cette taille.

Section II. — *Des tailles anciennes et hétéroclites à l'air libre.*

§ I. Taille en tonnelle ou en espalier horizontal , de M. Noisette.

Les principes de cette taille ont un peu d'analogie avec celle de M. Cadet de Vaux ; ils consistent à laisser une partie ou la totalité d'un arbre vigoureux sans être taillée, pour être ensuite fixée sur des treillages horizontalement placés dans son voisinage , et avec lesquels on établira des tonnelles ou berceaux auxquels l'on peut donner diverses formes ; ce qui jette en passant de l'agrément dans quelques jardins paysagistes. J'ai vu chez notre célèbre horticulteur, M. Noisette, des pommiers reinette de Canada qui avaient été traités par ce procédé et portaient des fruits magnifiques ; mais il ne suffit pas toujours d'avoir momentanément de beaux fruits sur des arbres, car une telle forme ne peut être de longue durée, en ce que l'on est indispensablement obligé de mutiler les branches, en rompant une partie de leurs fibres , pour les amener subitement à un angle horizontal ; puis les bourgeons vigoureux qui viennent spontanément se développer dans le voisinage de la partie qui forme le coude contribuent également à leur perte : nos théoriciens, qui sont toujours prêts à argumenter, vous diront qu'il faut réformer ces bourgeons au fur et à mesure qu'ils paraîtront vouloir se développer ; la nature ne sympathise nullement avec de semblables problèmes, et tel soin que l'on y prenne , de nouveaux se développeront à côté des premiers, et ainsi de suite ; cette multitude de réformes occasione des nœuds qui , par leur nature, forment de nouvelles entraves au développement des

branches que l'on s'efforce de conserver : en dernière
analyse, la réforme que l'on est toujours forcé de faire
pendant la présence des feuilles nuit considérablement
à la santé des arbres, ce dont on a pu se convaincre par
quelques dissertations antérieures à celle-ci.

§ II. Taille en têtard.

Cette taille peut être appliquée à toute espèce d'arbres
fruitiers, mais c'est plus particulièrement pour les abricotiers, pruniers, pommiers et poiriers qu'elle est réservée ; on en fait l'application sur des arbres greffés à
hautes tiges, et placés dans nos vergers agrestes, ou à
travers nos campagnes.

Les premières opérations se font comme pour la taille
en vase ou gobelet, et se continuent pendant le temps
nécessaire pour être assuré que les branches charpentières ne pourront se nuire et former de la confusion ;
mais, comme les arbres soumis à cette forme appartiennent à deux genres bien différens, nous dirons que, pour
ceux à noyaux, tous les rameaux latéraux au dessous de
trois à quatre pouces de longueur devront être conservés dans leur entier ; les autres seront réduits au quart
ou au tiers ; si le temps est favorable, ces parties donneront beaucoup de fruit ; enfin, sous tels rapports qu'elles
se trouvent l'année d'après, elles rentreront dans la
catégorie des branches coursonnes, et seront traitées
d'après les principes que j'en ai donnés. Quant à celles destinées à continuer la charpente, elles seront taillées plus
long comme de moitié pour les plus forts, cette mesure
donnera la longueur des plus faibles, de manière à ce
que le tout prenne une forme circulaire, mais peu régulière, afin qu'à l'avenir ces branches se trouvent éparses

sans confusion, et forment par leur ensemble une tête
arrondie qui se rapproche de celle de sa nature ; toutes
ces opérations ne sont de rigueur que pour l'abricotier.
Quant aux pruniers, pommiers, poiriers, on n'en fait
l'application que pendant les premières années, pour
être ensuite livrés à quelques opérations qui auront lieu
en retranchant l'extrémité de quelques branches éparses
qui paraîtraient prendre trop d'extension aux dépens
des plus faibles : il est vrai que pour toutes on aura le
plus grand soin de retrancher les parties mortes ou mourantes, ou peu aérées ; puis de retrancher ou diminuer la
longueur de celles qui seraient trop languissantes ou trop
chargées de boutons, et enfin celles qui formeraient de
la confusion, puis d'extraire les mousses, les vieilles écorces, et toutes les parties capables de retenir l'humidité, qui
nuit autant à ces arbres que la gelée.

Toutes ces opérations se continueront chaque année
autant que les branches charpentières conserveront de la
vigueur, mais il arrive une époque où l'on n'y voit plus
que de très faibles branches et rameaux à fruit placés à
leur extrémité, ce qui prouve leur état languissant ;
mais il est assez ordinaire qu'en cet état on trouve des
gourmands près de leur naissance, et à peu de distance du
tronc, qui semblent inviter le cultivateur à faire la réforme
de cette vieille charpente, ce qui doit se faire, non pas
au moment de l'apparition des rameaux, mais bien lorsqu'ils sont devenus des branches assez volumineuses pour
absorber la sève des parties désignées à être retranchées ;
les opérations nécessaires à ces nouvelles branches sont
assez semblables à celles dont on vient de faire la réforme.

§ III. Taille à la Cadet de Vaux.

A entendre l'auteur de cette taille, il fallait jeter la

serpette au feu, comme étant un instrument meurtrier ; il suffisait, a-t-il dit, de courber les branches en demi-cercle, soit concentriquement ou excentriquement, pour avoir une très grande quantité de fruit, ce qui est vrai. Mais, si vous persistez dans ce système plus que le temps nécessaire pour préparer les arbres à en donner, ce qui a lieu à la deuxième ou troisième année, et si, à cette époque, vous négligez de proportionner les boutons à la vigueur de ces arbres, bientôt vous les voyez dépérir et mourir même, lorsqu'ils sont placés sur un sol qui n'est pas précisément propre à leur nature ; et, pour avoir négligé de vous être bien servi d'une serpette, vous êtes obligé d'employer la scie et la serpe pour faire la réforme des branches mortes ou mourantes. J'ai connu quelques personnes qui ont voulu adopter ce système, et qui n'ont pas été long-temps à revenir de leur erreur. Cependant, on peut admettre quelques unes de ces opérations pour des faits que j'ai signalés page 190.

§ IV. De la taille en cépée.

C'est plus particulièrement pour les groseilliers que cette forme est usitée ; mais sa formation n'est pas indifférente. Cette cépée est formée par l'ensemble des mères-branches, que l'on multiplie au fur et à mesure que la souche prend davantage de force. On voit, par ce simple exposé, que nous ne pouvons pas en fixer le nombre ; néanmoins on peut conclure que, lors de la création de la cépée, on ne peut en établir que de trois à quatre ; et, pour celle qui sera la plus avancée en âge et arrivée à son plus grand développement, il est rare que l'on soit obligé d'en établir plus d'une douzaine : ces branches sont formées avec les rameaux les plus vigoureux qui se développent sur la souche. Pour cette effet, la première taille se fera environ une année après la plantation : à. cette époque, on coupera rez terre la première tige, ce qui donnera les rameaux dont nous venons de parler plus haut. A la deuxième taille, ces rameaux devront être espacés entre eux de manière à ce que les bourgeons et les fruits qui doivent y croître puissent jouir de tous les fluides aériformes ; cette considération prise, on retranchera complétement tous les autres susceptibles de former de la confusion, après quoi on réformera seulement l'extrémité des plus faibles qui auront été choisis pour cette charpente ; puis les plus forts seront retranchés dans des positions telles que, par leur ensemble, ils puissent avoir une forme arrondie : ainsi se terminent les opérations de la seconde taille. La troisième a pour but de maintenir cette charpente, en cherchant à donner aux branches qui la composent une plus grande extension. Pour cet effet, on choisira sur chacune d'elles un rameau des plus propres à la prolonger, puis il sera taillé dans des proportions telles que, par leur ensemble, ils puissent élever la cépée d'un tiers, ce qui est le maximum ; car il arrive des années sèches où une foule d'autres accidens ne permettent même pas d'augmenter cette cépée, tant en hauteur qu'en nombre de branches. Nous quittons nos dissertations pour continuer les travaux de la troisième taille : nous arrivons aux rameaux latéraux des branches charpentières ; ceux-ci doivent être exclusivement retranchés à un pouce ou environ de leur insertion, sans avoir égard à la coupe par rapport à la disposition de l'œil terminal, autrement ce serait perdre un temps trop en disproportion avec la valeur des arbres. Cela fait, on s'occu-

pera des rameaux qui se seraient accrus sur la souche,
et, s'ils ont pris de l'extension, il faudra profiter de quelques uns des plus forts qui seront avantageusement
placés pour augmenter le nombre des branches, ou
même pour remplacer quelques rameaux qui auraient
mauvaise grace ou qui seraient affaiblis. L'opération
de ces rameaux rentre dans ce que nous avons dit plus
haut, en parlant de la formation des branches charpentières : tout le reste des rameaux provenant de la souche
doit être réformé aussi près qu'il sera possible. Pour
cet effet, on se sert quelquefois d'un ciseau ou fer-
moir de menuiserie, armé d'un long manche terminé par une béquille. Les détails dans lesquels nous
venons d'entrer nous tiennent lieu de tout ce que
nous pourrions dire pour les tailles qui doivent se suc-
céder. Il arrive une époque plus ou moins éloignée,
selon la nature des terres, où toutes les branches charpentières deviennent mousseuses ou fatiguées par l'âge,
où des récoltes abondantes ne donnent plus que des
rameaux de la plus petite dimension : dans cet état, il
ne faut pas hésiter à en faire la réforme aussi près de
terre que possible, pour être remplacées aussitôt par un
certain nombre de rameaux ; c'est ainsi que l'on rajeu-
nira constamment les deux séries de groseilliers. Il est
un autre procédé de tailler ces arbrisseaux, et dont
je me suis toujours bien trouvé toutes les fois qu'il a été
question de les cultiver sur des plates-bandes, et dans
l'intervalle d'autres arbres fruitiers de plus grande dimension, comme cela se rencontre souvent ; ce procédé
consiste à les élever sur une tige de six à huit pouces
seulement, afin d'éviter leur courbure : pour obtenir
cette tige, il faut bouturer avec des rameaux de dix-huit

à vingt pouces, et, pour éviter le développement continuel des bourgeons le long de cette tige et sur le côté
des racines, il faut, avant la plantation, éborgner avec
soin tous les yeux qui se trouveront dans les trois quarts
de la bouture, en ne conservant que ceux qui seront
les plus rapprochés du terminal, avec l'ensemble duquel on formera la charpente. Le reste des opérations
rentre, à quelques exceptions près, dans celles que j'ai
développées plus haut.

§ V. Taille des framboisiers.

Cette taille est on ne peut pas plus simple : il suffit
de retrancher rez terre toutes les branches qui ontdonné
fruit, puis de réformer également les petits rameaux
contrefaits et mal venans ; les autres seront réduits à
peu près à la moitié de leur hauteur ; le tout devra être
fait avant qu'aucune végétation se soit fait remarquer.

§ VI. Taille des figuiers.

Cet arbre n'exige que le nettoyage de ses bois morts,
puis l'éborgnage de l'œil terminal des rameaux qui auront
plus de six pouces de long : cette opération, qui devra
se faire immédiatement après les avoir découverts, a pour
but de faire bifurquer les branches et nouer les fruits,
qui, sans ce moyen, sont sujets à couler ou avorter.

TROISIÈME PARTIE.

DE QUELQUES INSECTES

ET MALADIES QUI AFFECTENT LES ARBRES FRUITIERS,

ET LES MOYENS DE LES EN GARANTIR.

§ I. Résumé sur quelques insectes les plus nuisibles à la culture
des arbres fruitiers.

Quant à ceux qui s'y rencontrent passagèrement et
qui frappent peu l'attention des cultivateurs, je me dispenserai d'en parler, en ce que je ne ferais que dire des
choses insignifiantes connues de tout le monde, publiées
et répétées par une foule d'auteurs; je m'abstiendrai également de désigner ceux dont j'ai à parler par des des-
criptions d'entomologie, en ce qu'il importe peu aux
cultivateurs d'apprendre des faits qu'ils ne pourraient
nullement reconnaître sans le secours d'un microscope;
l'important est de leur faire connaître, par une description simple et familière, comme également leur signaler
le moyen de les détruire par des procédés analogues.

§ II. Du kermès.

Le kermès est connu de tous les cultivateurs
sous la dénomination de punaise; il a aussi été décrit par quelques auteurs sous le nom de gallinsecte:
on sait combien il est nuisible à la culture du pêcher

et de la vigne en espalier. Il m'a paru essentiel de signaler cet insecte sous divers caractères qui lui sont
naturels, par rapport aux différens âges où il est bon
de le faire reconnaître ; l'époque du premier printemps
m'a paru être le moment le plus favorable à cet examen :
c'est alors que les plus anciens se font remarquer par
leur forme, qui est quelquefois demi-sphérique, mais
plus souvent oblongue, et leur fixité sur le vieux bois, du
côté opposé à la lumière ; lorsqu'ils en sont détachés, ils
ressemblent assez à de petites coquilles dont les plus
grandes offrent une largeur de trois lignes de long sur
deux de large. Lors de cet examen, on remarque que
ceux-ci sont complètement morts : il n'en est pas de
même de leurs petits, éclos par milliers pendant l'été
qui a précédé cette époque, et placés sur du bois plus
jeune, *les rameaux surtout,* où ils sont presque imperceptibles par rapport à leur petitesse et leur couleur qui se
rapproche de celle de l'écorce ; mais, vus de près, ils ont
tous les caractères de leur mère et n'attendent que la
fin de mai, ou la première quinzaine de juin, pour en
prendre tout le volume. Par suite de cette époque, ces
insectes se remplissent de plus de 1,500 œufs de couleur
rousse, de la grosseur de tout petits grains de sablon :
dans quelques uns de ces animalcules, leurs œufs sont
entrelacés d'un réseau blanc soyeux qui soulève la mère,
en dépassant son volume de beaucoup ; ce caractère
donnerait à penser que c'est une espèce distincte de
l'autre qui en est complétement privée. L'époque de
l'éclosion des petits varie selon les temps, les expositions et la nature des arbres qui en sont infectés ;
néanmoins on peut regarder la fin de juin comme étant
le terme moyen : à cette époque, ces insectes se font re-

marquer sous une forme aplatie un peu oblongue, d'un jaune pâle, et par une extrême petitesse, ils sont munis de six pattes presque imperceptibles ; dans cet état, ils quittent leur mère, qui est mourante, et viennent se fixer sous les feuilles, où ils restent tout l'été et une partie de l'automne ; lors des premiers froids, ils viennent se placer sur les rameaux, où ils se tiennent immobiles pendant tout le reste de leur existence, qui doit se terminer comme celle de leur mère. Dans tout état de choses, ces insectes forment une espèce de crasse noire qui s'attache à toutes les parties de l'arbre et aux divers corps qui les avoisinent. La destruction de ces insectes se fait en février et mars, au moyen d'une dissolution de chaux et de savon noir (1), avec laquelle on enduira toutes les parties infectées. M. le comte Lelieur dit, dans sa *Pomone française*, que le mois de mai est le moment le plus favorable à la destruction de cet insecte, au moyen d'une brosse dure que l'on fait mouvoir, de bas en haut, sur les parties qui en sont infectées. Ce moyen est peu praticable, par rapport aux jeunes fruits, bourgeons et feuilles. Les arbres plantés à des expositions où les pluies frappent difficilement, les années sèches et chaudes, sont également favorables au progrès de ces insectes.

§ III. Du tigre (*acarus*) et ses variétés.

Le tigre est connu des cultivateurs sous trois formes différentes, de couleur grise ; le plus grand est alongé, assez pointu par une de ses extrémités, placé longitudinalement sur les branches, et fortement adhérent à l'écorce ; vu dans cette position, il a un peu l'aspect d'une petite graine de reine-marguerite, et lorsqu'il est

(1) Voy. ci-après, le paragraphe V de la troisième partie, page 231.

examiné en sens opposé, il a un peu la forme d'une petite nacelle ; les uns sont vides ou paraissent à peu près tels, les autres, plus remplis, sont sans doute vivans, en ce que, par la pression, ils laissent échapper une petite portion de matière glaireuse, dont la couleur se confond avec celle de l'animal.

Cet insecte, comme les deux autres variétés dont il va être parlé, occasione de très grands préjudices aux arbres qui en sont infestés, en ce qu'ils sucent et dessèchent une partie de leur écorce, ce qui les met dans l'impossibilité de s'élargir lors des divers mouvemens de la sève.

De la seconde espèce de tigre.

Cette espèce est de même couleur que la précédente, de forme un peu variée, en ce que les uns sont légèrement oblongs, les autres ronds et presque imperceptibles à l'œil nu, très aplatis sur l'écorce, et fort adhérens. Lorsqu'ils en sont détachés et vus en masse, on croirait voir un amas de menu son mêlé de poussière ; mais, vus séparément, ils ressemblent à de petits coquillages. Il en est qui sont un peu transparens : ce sont, sans doute, les morts. Les autres, plus rembrunis, recèlent un petit corps globuleux très fragile, de couleur jaune, transparent, presque imperceptible à une vue fatiguée. Lorsque ce petit corps est pressé avec la pointe de la serpette ou autre, il laisse échapper une substance de même couleur. Les pêchers ne sont pas exempts de cet insecte ; les poiriers et pommiers surtout, placés dans des terres brûlantes, à des expositions chaudes et peu aérées, en sont plus souvent affectés. C'est pour cette cause que les poiriers plantés dans une bonne terre, à l'exposition du midi et au levant, y sont très sujets. Pendant le cours du mois de juillet ou au commencement

d'août, ces insectes donnent naissance à des myriades
de petites mouches à ailes rondes, de couleur grise, et
comme couvertes de poussière. Ces dernières s'attachent
de préférence en dessous des feuilles et en rongent le pa-
renchyme, ce qui les fait dessécher en peu de jours.
Par suite de ce butinage, ces feuilles se trouvent en-
duites d'une liqueur brune, gommeuse et sucrée, semblable à du caramel. Je ne sais si elle est le produit
d'une secrétion accidentelle causée par la présence de
ces insectes, ou un dépôt de leurs déjections. Lorsque
ceux-ci ont acquis tout leur développement, *ce qui a lieu
en peu de jours*, on les voit rouler en masse dans le voisinage des branches, sur lesquelles ils viennent déposer
leur larve, qui m'a paru n'avoir besoin que de trente
à quarante jours pour prendre la forme indiquée plus
haut.

De la troisième espèce de tigre.

Cette troisième espèce n'est, pour ainsi dire, pas visible à l'œil, en ce qu'elle semble faire corps avec les
écorces du vieux bois, sur lesquelles elle est également
très adhérente ; cependant, elle s'y fait remarquer par les
petites cavités que sa présence y occasione : on la
rencontre également sur des parties plus régulières,
comme y étant fixée depuis moins de temps ; mais alors
il faut encore la regarder de plus près, en ce que sur
ces divers points on peut la prendre pour de la poussière
agglomérée ou des points de l'écorce ; ce n'est qu'en
grattant ces parties avec force, que l'on y découvre de
petites plaques blanches au milieu desquelles on remarque
de tout petits points d'un carmin assez vif. Ces insectes
sont quelquefois tellement multipliés et agglomérés,
qu'il est difficile de les reconnaître séparément. Si l'on
enlève légèrement l'épiderme des parties infestées, on y

trouve l'écorce altérée à l'état de meurtrissures, ce qui l'empêche de se dilater; celle qui est restée intacte semble prendre plus de volume que si le tout était resté à son état normal : ces deux contrastes occasionent les petites irrégularités que j'ai signalées plus haut. Je n'ai aucune connaissance des moyens que la nature emploie pour la reproduction de cette troisième variété d'insectes. Les poiriers et les pêchers sont très sujets à être affectés de ces derniers : les terres et les expositions que j'ai signalées comme étant les plus propres à la propagation de cet insecte sont tout à fait identiques avec ce que j'ai annoncé en parlant des autres espèces. Les moyens à employer pour détruire ces diverses espèces de tigres sont les mêmes que pour le kermès.

§ IV. Du puceron vert, sa variété de couleur brune, et le moyen de les détruire.

Ces deux variétés de pucerons sont généralement trop connues pour exiger une description; on sait également que ces insectes sont des plus nuisibles à la culture du pêcher : on les détruit au moyen de la fumée de tabac; mais il faut en faire l'application d'une manière plus précise qu'on ne le fait journellement. Le moyen que j'ai toujours employé avec beaucoup de succès consiste à avoir une toile de calicot ou autre, d'une assez grande étendue pour couvrir l'arbre sur lequel on veut opérer; avant l'étendage de cette pièce, on aura la précaution de la mouiller, pour en serrer davantage le tissu; puis, si l'on avait à craindre que sa pesanteur rompît quelques bourgeons, on interposerait quelques faibles perches, qui auraient pour but de tenir l'appareil un peu à l'écart; après quoi, on fait en sorte d'en rapprocher les extrémités aussi près du mur que possible, afin d'empêcher l'extraction de la fumée qui sera introduite sous l'appareil à l'aide du soufflet fumigatoire connu pour l'usage des serres; à son défaut, on se servira d'un tout petit fourneau garni d'une petite quantité de charbon en pleine combustion; après l'avoir introduit sous la toile, on jettera la quantité de tabac nécessaire pour entretenir la fumée trois à quatre minutes; après quoi, on retirera l'appareil, puis un arrosement à la pompe à la main ou autre, ce qui débarrasse les arbres comme par enchantement. J'ai vu être obligé de répéter cette opération quinze à vingt jours après; mais il est rare que l'on soit obligé d'opérer une troisième fois pendant le cours de la végétation. On peut aussi détruire la larve de ces deux variétés de pucerons au moyen de l'amalgame employé pour le kermès, etc. La difficulté est de la reconnaître, en ce qu'elle est d'une extrême petitesse; sa forme est presque ronde, de couleur noire luisante : lorsqu'elle est pressée par la pointe de la serpette, elle semble y produire l'effet de petits grains de sablon froissés avec la main; elle exhale une odeur extrêmement fétide; leur décomposition y dépose une couleur jaune qui reste fixée à la peau pour quelques jours. On la trouve généralement à la naissance et à l'extrémité des rameaux; dès lors on peut juger de la difficulté de l'extraire des arbres; mais comme elle est presque toujours accompagnée de quelques autres, en faisaut l'application qui vient d'être prescrite, on détruit le tout ensemble, toutefois qu'aucune partie réservée par la taille n'en sera exceptée.

Il est un autre hémiptère qui a reçu le nom de puceron lanigère, sans doute par rapport à une espèce de duvet qui recouvre les parties de son corps les plus exposées au contact de la lumière ; il pourrait se faire que ce duvet, quoique plus court en hiver, fût propre à le garantir des plus grands froids, en ce que je l'ai vu résister à la température de 10 degrés, sans être obligé de se réfugier en terre, comme quelques naturalistes l'ont annoncé. Cet insecte a été figuré dans le second volume des *Transactions de la Société d'horticulture de Londres,* page 52. Si on en croit quelques relations de ce pays, il y aurait été introduit par des marchandises américaines avec lesquelles il aurait été transporté : on ne peut en préciser l'époque ; mais, selon *Mosley,* il n'y est connu que depuis 1787, et, s'il faut en croire la Société d'agriculture de *Dinan,* ce serait en 1812 où il aurait commencé à se faire remarquer dans l'ouest de la France ; aujourd'hui il se trouve répandu sur beaucoup d'autres points de ce même pays. On le reconnaît facilement à l'aspect de son duvet blanc, qui semble être fabriqué en commun, et forme des cordons soyeux en dessous des branches et rameaux sur lesquels ces insectes sont plus généralement agglomérés. Depuis une dizaine d'années, on a fait de nombreuses recherches, pour reconnaître sa larve et savoir comme il se reproduit, ce dont on n'a rien de positif ; on n'est guère plus avancé sur les moyens de le détruire, j'ai moi-même tenté divers procédés sans avoir eu de résultats satisfaisans : le premier fut les injections faites avec un lait de chaux, saturé avec de la lessive ; le second a été de faire des fumigations avec diverses substances caustiques et corrosives, soit séparées ou mêlées ; puis le troisième fut de profiter de l'absence des feuilles pour flamboyer toutes les parties infestées, soit avec des torches de paille mises en combustion, ou de la corde goudronnée et saupoudrée de fleur de soufre, et enfin l'emploi

de l'essence de térébenthine, et de toutes les substances
huileuses. Ces dernières, quoique très propres à faire
périr ces insectes à l'instant où ils en sont atteints, n'en
sont pas, pour cela, plus efficaces, en ce qu'il est très difficile de joindre toutes les parties infestées ; et, comme ce
travail doit se faire avant l'ascension de la sève , ceux
qui en échappent se multiplient, au printemps, dans des
proportions telles, qu'à la fin de l'été cette opération
est rendue inutile.

Cet insecte affecte plus particulièrement le pommier,
pour lequel il est souvent mortel, par les lacérations et
les tumeurs qu'il occasione sur un assez grand nombre de surfaces ; on le rencontre quelquefois sur le poirier et diverses espèces d'épines, aliziers, sorbiers ; mais
je n'ai pas remarqué qu'il y fît des dommages sensibles, en ce qu'il me parut n'y séjourner que pendant la
montée de la sève ; du reste je n'y ai jamais vu les
exostoses dont il vient d'être parlé plus haut.

§ **V.** Composition propre à la destruction du kermès, des diverses
variétés de tigres et larve du puceron vert.

Prenez quatre litres d'eau ou de lessive, pour le
mieux, dans lesquels vous ferez dissoudre une livre de
savon vert ou noir ; après quoi, on y jettera la quantité
de chaux vive nécessaire à faire une bouillie claire, semblable à celle dont se servent les badigeonneurs : ce mélange sera employé immédiatement à l'aide d'une brosse
ou pinceau avec lequel on parcourra toutes les parties
infectées, afin de les enduire complètement. Les huiles
de la plus mauvaise qualité, les essences même remplissent sans préjudice le même but ; mais la dépense en est
plus élevée, et l'application se fait avec moins de précision , en ce que leurs couleurs sont peu remarquables

sur les parties où on en fait l'application : cette opération peut se faire depuis la chute des feuilles jusqu'à l'époque où la végétation commence à se faire remarquer.

Ce travail est généralement trop négligé, en ce que la mort occasionée par la présence de ces insectes n'arrive que graduellement et d'une manière presque insensible : espérons qu'à l'avenir on saura mieux apprécier cette opération, et que l'on ne verra plus autant d'arbres malingres, et dont quelques cultivateurs se doutent à peine de ce qui en est la cause.

§ VI. Moyen de détruire les fourmis.

Les fourmis accompagnent presque toujours les insectes dont nous venons de parler, soit pour s'emparer de leurs excrémens, ou pour butiner les sécrétions qu'ils occasionent aux bourgeons sur lesquels ils sont fixés. Avant l'apparition ou après la destruction de ceux-ci, les fourmis se trouvent errantes et un peu au dépourvu ; dès lors on devra profiter de cette circonstance pour préparer leur perte, en plaçant à quelque distance du pied de chaque arbre un tout petit tas de fumier à demi consumé, sur lequel on dépose quelques mauvais fruits, ou, mieux, un petit morceau de sucre ; puis on recouvre le tout avec un moyen pot à fleurs : ces insectes ne tardent pas de venir s'amonceler sous le vase ; dès lors il est facile de les détruire, à l'aide d'une poignée de paille ou autre corps mis en combustion, avec lequel on les flamboie.

J'ai vu, dans un journal assez en crédit, un moyen indiqué comme étant des plus faciles d'éloigner ces insectes : *il consiste à enduire d'huile de poisson quelque faible partie d'un arbre infecté, pour les en chasser en quelques heures ; il en est de même pour un appartement, dans lequel il suffit de déposer de cette substance tenue dans un vase découvert.* Cette assertion est fausse. A cette occasion, je citerai un fait : Au mois de mars 1836, quelques morceaux de sucre se trouvaient par hasard dans un vase déposé dans une petite chaumière placée au milieu de l'Ecole des arbres fruitiers de cet établissement, lorsqu'un jour je trouve ce vase envahi par ces insectes ; bientôt j'eus recours à l'antidote annoncé, avec lequel j'enduis le vase, et une feuille de papier placée dessous ; les fourmis ne cessèrent de venir butiner le sucre. Mais voulant donner suite au moyen que j'indique, je plaçai mon appareil vis à vis une des faces extérieures la plus chaude de cette petite hutte ; puis je retirai le sucre qui était dans son intérieur, et, vingt-quatre heures après, les fourmis étaient en pleine possession du local favorable que je leur avais préparé.

J'ai aussi vu un ouvrage assez bien écrit, publié en 1830, par M. *Bengy-Puyvallée*, dans lequel il publie comme un excellent moyen de détruire ces insectes le procédé suivant : *Lorsque l'on est assez heureux de trouver leurs fourmilières, on prend un gros bâton pointu, que l'on enfonce au milieu, et en agitant ce bâton dans le trou on en détruit une bonne quantité.* Cette assertion n'est vraiment propre qu'à donner du ridicule à l'auteur, en ce qu'il est insuffisant, et qu'il n'y a que les enfans qui le mettent quelquefois à exécution.

§ **VII.** Maladie de la cloque et les moyens d'en préserver les arbres.

A entendre quelques auteurs, la cloque serait transmise par la greffe sur d'autres individus ; cette assertion est réfutée par des cultivateurs qui, après avoir vu leurs pêchers affectés de cette maladie pendant un assez grand nombre d'années, les ont successivement garantis par le soin des abris. Cette maladie, qui affecte l'extrémité des jeunes bourgeons et leurs feuilles naissantes, existe souvent assez long-temps avant qu'elle ne soit visible à l'œil nu; cependant, avec un peu d'attention, on la reconnaît sur le bout des feuilles avant même qu'elles ne soient entièrement déroulées; elle se fait remarquer par une teinte rouge purpurine, qui disparaît par le temps, pour faire place au caractère qui la fait distinguer sous cette forme crispée et boursouflée, sur lequel viennent souvent se loger des pucerons et autres hémiptères; ce motif, auquel il faut ajouter celui d'un emploi de sève inutile, doit suffire pour faire disparaître cette maladie aussitôt que le temps le permet: cette opération se fait tout simplement avec la main, en tirant sur les feuilles, que l'on fait couler entre les doigts, pour en extraire les parties affectées; quant aux bourgeons atteints de cette maladie, on en fait l'extraction à la manière du pincement. Cette maladie, que j'ai toujours attribuée à des changemens de température trop subits, accompagnés de pluie froide et de coups de vent, est la cause pour laquelle je conseille les abris, comme étant le seul moyen qui ait réussi jusqu'à ce jour : les auvents et les toiles doivent être préférés et placés, comme pour la garantie des fleurs ; quant à des affections de ce genre que l'on rencontre sur quelques arbres plutôt que sur tels autres à la même exposition, je l'attribue à une végétation plus ou moins active, à laquelle il faut ajouter quelques circonstances atmosphériques, qui agissent comme les gelées printanières.

§ VIII. Maladie du blanc ou meunier (*uredo*).

Cette maladie se fait remarquer sous l'aspect d'un

couleur blanche, farineuse, adhérente sur les diverses productions de l'année, sur lesquelles elle se trouve précédée par de petits accidens assez en rapport aux dartres qui affectent la peau de l'homme, ce qui lui a fait donner le surnom de *lèpre du pêcher*. Tous les moyens que j'ai employés jusqu'à ce jour m'ont été infructueux. Quelques auteurs conseillent de mouiller souvent les feuilles au moyen de la pompe à main; ce procédé ne m'a rien donné de bien satisfaisant. J'ai aussi eu le soin de couper assidument les parties affectées et jetées à l'écart, sans avoir aucun succès; j'ai enfin fait aussi diverses injections caustiques sans résultat. J'ai souvent vu disparaître cette maladie par suite de pluies abondantes, mais aussi reparaître avec plus de véhémence quand les chaleurs avaient repris.

§ IX. Maladie du rouge.

Le rouge est aussi une maladie dont les recherches sur sa nature ont jusqu'à ce jour complètement échoué; cependant j'ai remarqué que les terres brûlantes et les années sèches donnent plus souvent lieu à cette maladie, d'où l'on peut conclure qu'elle vient des racines, toutefois qu'elles manquent d'humidité, ou qu'elle y arrive trop précipitamment; ce qui peut avoir lieu dans les terres creuses et légères.

§ X. De la gomme.

La nécessité dans laquelle je me suis souvent trouvé obligé de parler de cette maladie, pendant le cours de cet ouvrage, me dispense d'en faire un article particulier, en ce que ce serait une répétition de ce qui a été dit.

§ XI. Des arrosemens.

Ayant déjà eu occasion de faire connaître l'importance de l'arrosement des feuilles des pêchers chargés de fruits, il ne me reste plus qu'à dire un mot de ceux qui doivent se faire au profit des racines.

Lorsque des jeunes arbres paraissent souffrir des sécheresses, il faut bien se garder de mouiller leurs collets et les grosses racines; pour cela, on aura la précaution de faire une rigole de forme circulaire, d'une largeur proportionnée à la grosseur de l'arbre, dont une partie de la terre sera jetée sur le tronc, afin que les eaux jetées dans cette rigole puissent alimenter le dessous de la butte d'une manière lente, ce qui a lieu par l'absorption de cette butte; si, au contraire, les eaux arrivaient trop subitement sur les racines, elles pourraient leur occasioner des accidens graves, en ce qu'elles pourraient donner naissance à la maladie du rouge, et produire quelquefois la mort. Quant aux grands arbres chargés de fruits, on devra observer plus rigoureusement ce qui vient d'être dit plus haut; mais, lorsqu'il est possible de jeter de l'eau à la superficie et à l'écart, ce travail rendra toujours d'immenses services à la végétation, toutefois, pourtant, qu'il sera précédé par l'arrosement des feuilles.

Ici se termine la tâche que je me suis imposée. J'ai fait tous mes efforts pour ne rien omettre de ce qui peut être utile aux cultivateurs et amateurs d'arbres fruitiers. Le succès déjà obtenu par la première édition me donne le droit de juger que mes observations sur cet art important ont rempli le but que je me suis proposé, qui est de rendre plus sûres et plus durables les jouissances des propriétaires, en même temps que la belle tenue de leurs arbres présentera partout un aspect qui annoncera leur vigueur et fera honneur aux personnes qui en auront la direction.

FIN.

LISTE

DES MEILLEURES ESPÈCES

D'ARBRES FRUITIERS

A CULTIVER

DANS LES JARDINS ET VERGERS.

—

Parmi ce choix, il en est encore à qui l'on doit donner la préférence, par rapport à des causes que nous allons développer ci-après : pour résoudre ce problème, j'ai pensé qu'il était essentiel de signaler la qualité de chacune de ces variétés par un plus ou moins grand nombre d'astérisques ; ainsi, nous en mettrons une pour désigner la première qualité, deux pour la seconde, etc. Quant au signe propre à déterminer les proportions dans lesquelles ces variétés méritent d'être multipliées, on le trouvera au moyen de virgules, dont le nombre augmentera en proportion du besoin de la consommation, la rusticité des arbres et leur fertilité; puis on ne devra pas être surpris de voir un certain nombre d'espèces de poires et de pommes mûrissant pendant l'été, qui, pour cela, ne seront marquées que d'une ou deux virgules, par rapport à leur peu de durée. Il en sera souvent autrement pour celles de seconde qualité, mûrissant à la fin de l'hiver et pendant le cours du printemps, par rapport au petit nombre de bonnes espèces à livrer à la consommation, pendant cette dernière saison, et le temps qui est nécessaire pour que tous les fruits de chacune de ces variétés puissent acquérir leur parfaite maturité.

Quoique la liste que je présente soit déjà fort nombreuse, il se pourrait que quelques amateurs ne la trouvassent pas encore assez complète; dans ce cas, ils voudront bien consulter le *Supplément de second choix* placé à la suite de chaque genre.

Nota. Le plus grand nombre d'espèces nouvelles que l'on trouve jointes à cette liste sont dues à la bienveillance de M. Jamin, pépiniériste et amateur très distingué, rue de Buffon, 19, avec lequel nous faisons constamment des échanges, et chez lequel on trouve une des plus riches collections en ce genre.

	QUALITÉ.	MÉRITE de multiplicité.	ÉPOQUE DE MATURITÉ.
ABRICOTIERS.			
Abricot much-much...............	*	, ,	Du 1 au 10 juillet.
— gros Saint-Jean, abdelouis Saint-Jean..................	*	, , ,	Du 5 au 20 juillet.
— gros alberge de Mongamet et de Tours.................	*	, , ,	Du 15 au 30 juillet.
— angoumois ou violet...........	*	, ,	id.
— commun....................	**	, , , , , , ,	Fin de juillet.
— de Hollande, amande-aveline.....	**	, ,	
— pêche ou de Nancy.............	*	, , , ,	id.
Supplément de second choix.			
— blanc hâtif musqué............	***		Du 1 au 15 juillet.
— de Portugal ou de Provence.....	*		Du 10 au 20 juillet.
— royal.....................	*		Fin de juillet.
— petit alberge................	*		id.
CERISIERS.			
Cerise, guigne hâtive à fruit noir...	**	, ,	Du 10 au 20 mai.
— hâtive d'Angleterre...........	*	, , , , , .	Du 20 au 30 mai.
— doucette, belle de Choisy, C. de la Palingre, C. de Vilaine......	*	, , , ,	Fin de mai et juin.
— royale hâtive, royale Chéri-duc..	*	, , , ,	Juin.
— de Montmorency, à longue queue.	*	, , ,	id.
— guigne....................	*	, , ,	id.
— royale de Hollande, C. de Portugal, griotte de Portugal........	*	, , ,	Du 1 au 15 juillet.
— griotte d'Allemagne, griotte de Chaux ; C. du comte de Saint-Maur.....................	*	, , , ,	id.
— belle Châtenay................	*	, , , ,	Fin de juillet.
— mai duc, royale tardive.........	*	, , , , , ,	id.
— grosse cerise à ratafia..........	***	, ,	id.
Bigarreautier cœuret ou cœur de poule.....................	**	, ,	Fin de juin.
— Wellington...................	*	, ,	Du 1 au 15 juillet.
Supplément de second choix.			
Cerisier nain hâtif, ou précoce de Montreuil..................	*		Du 20 au 30 mai.
— de Montmorency, courte queue, gros gobet.................	**		Juin.
— à gros fruit blanc ambré ou princesse....................	**		id.
— quindoux de Provence.	**		Juillet.

	QUALITÉ.	MÉRITE de multiplicité.	ÉPOQUE DE MATURITÉ.
Cerisier de Prusse à gros fruit doux.	***		Fin de juillet.
Bigarreautier à gros fruit rouge de Hollande..................			Fin de juin.

PÊCHERS.

	QUALITÉ.	MÉRITE de multiplicité.	ÉPOQUE DE MATURITÉ.
Pêche petite mignonne, double de Troyes.....................	*	,,	15 juillet.
— pourprée hâtive...............	*	,,,	Du 1 au 15 août.
— Madeleine à petit fruit hâtif....	*	,,,	Du 10 au 20 août.
— grosse mignonne, ou grosse veloutée, ou incomparable........	*	,,,,,,	Du 15 au 30 août.
— Madeleine rouge, ou de Courson, ou rouge paysanne...........	*	,,,	Du 20 août au 10 sept.
— de Malte, ou belle de Paris.....	*	,,,	id.
— Madeleine à petites fleurs, Madeleine rouge tardive..........	*	,,,	Septembre.
— Bellegarde, ou Galande, ou noire de Montreuil (Chevreuse par erreur).....................	*	,,,	id.
— grosse violette hâtive..........	*	,,	id.
— belle Chevreuse...............	*	,,,	id.
— nivette veloutée...............	*	,,	Du 10 sept. au 10 oct.
— admirable ou belle de Vitry.....	**	,,	Mi-septembre et oct.
— bourdine, Narbonne royale, belle de Tillemont.................	**	,,	Octobre.
— abricotée, admirable jaune, grosse jaune, P. de Burai, P. d'orange, sandalis hermaphrodite.....................	***	,,	id.

Supplément de second choix.

	QUALITÉ.	MÉRITE de multiplicité.	ÉPOQUE DE MATURITÉ.
— avant-pêche blanche..........	**		Juillet.
— alberge jaune, Saint-Laurent jaune, petite roussanne......	**		Du 1 au 20 août.
— Madeleine blanche............	*		Du 10 au 30 août.
— belle Beauce.................	**		Du 20 août au 10 sept.
— petite violette hâtive, violette d'Angevilliers................	*		id.
— panachée....................	*		id.
— chancelier...................	*		Fin de sept. et oct.
— téton de Vénus...............	**		id.
— pourprée tardive.............	**		Octobre.
— betterave cardinal de Furstemberg......................	***		id.
— de la Toussaint..............	**		Fin d'octobre.

POIRIERS.

	QUALITÉ.	MÉRITE de multiplicité.	ÉPOQUE DE MATURITÉ.
Poire amiré-joannet, poire Saint-Jean	**	,,	Mi-juin.
— muscat Robert	**	,,	Fin de juin.
— doyenné d'été	*	,,,	Juillet.
— Madeleine ou citron des Carmes.	**	,,,	id.
— épargne beau présent, cueillette belle verge, Saint-Sançon; P. de la table des princes (cuisse-madame par erreur)	*	,,,,	Fin de juillet et août.
— grosse blanquette, gros roi Louis.	**	,,	Août.
— jargonnelle, bellissime, P. figue d'été	***	,,	id.
— grise bonne, poire aux mouches, ambrette d'été, crapaudine, rude épée, P. de forêt, sucrée grise	**	,,	id.
— bergamote d'été, milan blanc, franc-réal d'été, mouille-bouche d'été	**	,,,	id.
— épine rose, P. de rose, caillot-rosat, oignonet, P. d'oignon..	**	,,	id.
— orange tulipée, P. aux mouches.	**	,,	Fin d'août.
— épine d'été, bugiarda des Italiens, fondant musquée	*	,,	id.
— bon-chrétien d'été, Grasioly	*	,,,	id.
— — — Williams	*	,,,,,	id.
— belle de Bruxelles, belle d'août, grosse bergamote d'été	**	,,,	Fin d'août et septem.
— bon-chrétien de Bruxelles, capucine (poire)	*	,,,	Septembre.
— bergamote d'Angleterre	*	,,,,,,	id.
— ananas (poire)	*	,,	id.
— Wilhelmine	*	,,,	id.
— duchesse d'Angoulême, Pézénas (poire de)	*	,,,,,	Septembre et octobre.
— bonne Louise d'Avranches, bergamote d'Avranches, Jersey (poire de)	*	,,,,	id.
— Plomgastelle	*	,,,,,	id.
— beurré de Beaumont	*	,,,,,	id.
— — d'Angleterre (poire)	*	,,,	id.
— — grise d'Amboise	*	,,,,,	Fin de sept. et octobre.
— jalousie de Fontenay-Vendée	*	,,,,,	Octobre.
— calebasse Bosc	*	,,,	id.
— au vin	*	,,	Octobre et novembre.
— Bezy-Lamotte	*	,,	id.
— doyenné gris	*	,,,,,	id.

	QUALITÉ.	MÉRITE de multiplicité.	ÉPOQUE DE MATURITÉ.
Poire Charles d'Autriche, P. de l'empereur, médaille, Napoléon, liard, Bonaparte, belle carnoise (archiduc Charles par erreur).	*	,,,,,	Octobre et novembre.
— beurré magnifique, beurré royal beurré d'Yelle..............	*	,,,,,,	id.
— — incomparable..............	*	,,,,,,	id.
— marquis................	*	,,,	id.
— gain de M. Lefebvre, 1832......	*	,,,,	id.
— passe-Colmard..............	*	,,,,,,	Novembre et janvier.
— crassane.	*	,,,,,,,,	id.
— Beuzard, poire des..........	*	,,,,,	id.
— bergamote d'Austrasie, P. jammette, sabine, pirolle, maroit.	**	,,,	id.
— beurré d'Aremberg, beurré d'Hardampont (beurré de Flandre par erreur)............	*	,,,,,,,,,	id.
— — d'Hardampont de Cambrot...	*	,,,,	id.
— délice d'Hardampont..........	*	,,,,	id.
— Chaumontel.............	*	,,,	id.
— Saint-Germain ou inconnue La Fare..................	*	,,,,,,,,,,,	Novembre et mai.
— bonne de Malines..........	*	,,,	Décembre et janvier
— royale d'hiver	**	,,,	id.
— Colmar, gros mizet, P. Monié, telle et bonne	*	,,,,	Décembre et février.
— melon de Knops............	*	,,,,	id.
— doyenné d'hiver, bergamote de la Pentecôte............	*	,,,,,,,,,,	Décembre et juin.
— bon-curétien d'hiver.........	*	,,,	Hiver et printemps.
— beurré de Noschin..........	*	,,,,	id.
— — Rance (de)............	*	,,,,,	Fin d'hiver et print.
— — Morisseau.	*	,,,,,	id.
— — gris d'hiver, nouveau........	*	,,,,,	id.
— d'Angora.............	*	,,,	id.
— belle de Thouars ou P. Saint-Marc.	**	,,,,,	id.
— pater noster.............	*	,,,,,,	id.
— Sageret (P.)..............	*	,,,,	id.
— fortunée (P.)..............	*	,,,,,,	Printemps et plus.
— beurré bronzé............	*	,,,,,,	id.
— Léon-le-Clair.............	*	,,,,,,	id.
Supplément de second choix.			
— hâtiveau, petit muscat Saint-Henri..............	**		Mi-juin.
— blanquette à longue queue......	**		Juillet.
— longuette de Norkoulte.........	*		id.
— vallée franche ou P. Liquet.....	**		Août.

	QUALITÉ.	MÉRITE de multiplicité.	ÉPOQUE DE MATURITÉ.
Poire à deux têtes ou à deux yeux..	**		*id.*
— salviatic..........................	**		*id.*
— cuisse-madame (vraie)..........	**		*id.*
— bon-chrétien d'été musqué......	*		*id.*
— orange rouge....................	**		*id.*
— sucrée noire	*		*id.*
— Nyochy de Parme.............	*		*id.*
— rouge de vierge.................	**		Fin d'août et septem.
— gros rousselet..................	*		*id.*
— hurbanis.......................	*		*id.*
— Payenchy......................	*		Septembre.
— beurré d'Amanlis...............	*		*id.*
— rousselet de Reims.............	*		Septembre et octobre.
— Bezy de Montigny.............	*		*id.*
— verte longue d'Angers ou d'Anjou.	*		*id.*
— beurré Capiomont (beurré aurore par erreur).................	*		*id.* *id.*
— Marie-Louise.	*		*id.*
— P. Saint-Michel-Archange.......	*		*id.*
— Martine (P.)....................	*		
— verte longue, mouille-bouche ou coule-soif.......	*		Fin de sept. et oct.
— doyenné blanc Saint-Michel, P. de Limon, P. de neige ou P. de seigneur...................	*		*id.* *id.*
— — Sieulle......................	*		Octobre.
— chat brûlé, pucelle de Saintonge.	*		*id.*
— bergamote Silvange.............	*		*id.*
— sucrée verte....................	*		*id.*
— beurré Bosc	*		*id.*
— — aurore.....................	*		*id.*
— messire-Jean...................	*		*id.*
— curé (P. de), belle de Berry, bon-papa, pater-Notte............	**		Octobre et novembre.
— Louise, bonne..................	**		*id.*
— archiduc Charles...............	*		*id.*
— orange d'hiver.................	**		Novembre.
— mansuette double..............	**		
— merveille d'hiver ou petit-oin...	*		*id.*
— bergamote de Soulers, de Bugi ou d'hiver, ou de Pâques.....	**		Décembre.
— ambrette d'hiver (ou épine d'hiver par erreur)...	*		*id.*
— virgouleuse ou chambrette......	*		Janvier et mars.
— Bezy sans pareille..............	*		*id.*
— angélique de Bordeaux.........	**		Février et avril.
— bergamote de Hollande, Amoselle (bergamote d'Alençon)....	*		Avril et juin.

	QUALITÉ.	MÉRITE de multiplicité.	ÉPOQUE DE MATURITÉ.
Poires préférées pour compote.			
Poire franchipane.................	*	,	Septembre et octobre.
— Saint-Lézin..................	*	,	Octobre.
— figue d'hiver................	*	, ,	Novembre.
— trésor d'amour..............	*†	,	
— Gilogille, P. Agobert, garde-écorce..................	*†	, ,	id. / id.
— gros râteau gris ; P. de livre, présent royal de Naples..........	**	, ,	id.
— d'Hardampont (P.)...........	**	, ,	id.
— bon-chrétien d'Espagne........	**	, ,	Décembre.
— faux bon-chrétien............			
— double-fleur.................	*	, ,	id.
— Martin-sec..................	*	, ,	id.
— franc-réal ou gros mizet.......	*	, , , ,	id.
— parfum d'hiver ou bouvard musqué...................	*	, ,	Décembre et février.
— Catillac....................	**	, , , ,	id.
— bellissime d'hiver ou de Bur.....	*	, ,	Janvier.
— blanc-perlé ou blanc-perné.....	*	, , , ,	Février et mars.
— Angleterre d'hiver............	*	, , ,	Mars et avril.
— Chaptal ou beurré Chaptal......	*	, , ,	Mars et mai.

POMMIERS.

	QUALITÉ.	MÉRITE de multiplicité.	ÉPOQUE DE MATURITÉ.
Pomme taffetas des environs de Bruxelles ou transparentes de Russie, ou d'Astracan, ou de Moscovie..................	*	, ,	Juillet.
— haute bouté.................	**	,	id.
— Calville rouge d'été, Madeleine..	*	, ,	Août.
— cœur de pigeon, passe-rose, cousinelle.....................	*	,	id.
— rambour franc d'été, rambour rayé, ou P. de Notre-Dame...	**	, ,	Septembre.
— reinette d'été..............	**	, ,	id.
— — d'Espagne...............	**	, ,	Octobre.
— — jaune hâtive..............	*†	, ,	id.
— — rouge ou royale d'Angleterre (par erreur)................	*	, , ,	Novembre.
— malingre ou calville malingre d'Angleterre.................	*	, , ,	id.
— reinette blanche de Canada.....	*	, , , ,	Novembre et janvier.
— — grise de Canada............	*	, , , , , ,	Décembre et février.
— — — ordinaire..............	*	, , , , , ,	Décembre et mars.
— — — de Champagne...........	*	, , , ,	id.
— calville blanc d'hiver..........	*	, , , , , , , ,	Décembre et avril.
— reinette de Grandville, pomme-poire de Duhamel..........	*	, , , ,	Janvier et mai.
— — blanche, blanc dur.........	*	, , , , , , , , ,	Février et mai.

	QUALITÉ.	MÉRITE de multiplicité.	ÉPOQUE DE MATURITÉ.
Pomme reinette très tardive........	*	,,,,,,,,,,	Mars et juin.
— très grosse de Douai (très nouvelle).	*	,,,,,,,,,,	Mars et juin.
Supplément de second choix.			
— gelée d'été...................	**		Août.
— reinette panachée............	**		Août et septembre.
— calville rouge d'hiver..........	**		Octobre.
— pater-noster.	**		*id.*
— reinette de coq..............	**		*id.*
— — piquetée.................	*		Octobre et novembre
— — d'or, gol-pepin............	*		*id.*
— — verte....................	*		Novembre et décemb
— postophe d'hiver..............	*		*id.*
— reinette de la Russie tempérée, reinette de Hongrie, belle de Senart, de Spitzenberg........	*		*id.*
— — de Sickler ou pomme de Suisse rouge..................	*		*id.*
— — perle....................	*		*id.*
— Ostagatte....................	*		Novembre et avril.
— Saint-Germain (pomme de).....	**		Décembre et janvier.
— princesse noble...............	*		*id.*
— francatu romain..............·	*		*id.*
— fenouillet rouge, Bardin.......	**		*id.*
— châtaignier..................	·*		Janvier et mars.
— pepin gris de Cambrai..........	*		Mars et avril.
— api gros, pomme rose	*		*id.*
— malapiase....................	*		*id.*

PRUNIERS.

	QUALITÉ.	MÉRITE de multiplicité.	ÉPOQUE DE MATURITÉ.
Prune jaune hâtive de Catalogne ou de Saint Barnabé..........	***	,	Du 1 au 10 juillet.
— noire hâtive de Saint-Jean ou de la Madeleine, ou de Riezen-lem.	***		Du 10 au 20 juillet.
— prune pêche (surpasse monsieur par erreur)...............	**	,,,	*id.*
— dame Aubert violette (diaphrée rouge par erreur)............	**	,,	Mi-juillet.
— monsieur hâtive..............	**	,,	Fin de juillet.
— — tardive..................	**	,,	Du 1 au 10 août.
— grosse mirabelle double ou mirabelle de Metz, ou drap d'or..	*	,,,	Du 10 au 20 août.
— damas d'Italie................	**	,,	*id.*
— grosse reine Claude, verte bonne abricot vert.....	*	,,,,,,,,	Du 15 au 30 août.
— abricotée blanche..............	**	,,	*id.*
— reine-claude violette...........	*	,,,	Fin d'août.

	QUALITÉ.	MÉRITE de multiplicité.	ÉPOQUE DE MATURITÉ.
Prune damas de septembre ou prune des vacances, ou de retenue...	**	,,	Septembre.
— Saint-Martin (ou Monsieur tardif par erreur).................	**		Octobre.
Supplément de second choix.			
— perdrigon blanc..............			Août.
— mirabelle ordinaire............	*		*id.*
— damas violet..................	**		*id.*
— — blanc gros..................	**		*id.*
— abricotée, blanches..........			
— diaphrée rouge, Roche-Corbon.	***		*id.*
— royal de Tours ou damas de Tours.	**		*id.*
— Hardy (P.)....................	**		*id.*
— Suisse (P.)....................	*		Septembre.
— damas gros noir tardif..........	**		*id.*
— Quetschen....................	**		*id.*
Choix des espèces les plus propres à la confection des pruneaux.			
— gros damas blanc..............	*		
— verte bonne de Rome, ou couda-papa (Autriche)............	*		
— Sainte-Catherine..............	*		
— Agen (P. d') ou robe de sergent..	*		
— impériale ou P. d'altesse........	*		

VOCABULAIRE

EXPLICATIF DE QUELQUES TERMES EMPLOYÉS DANS L'OUVRAGE.

—

AILE, moitié d'un arbre taillé en éventail.

AISSELLE, angle formé par une feuille avec un bourgeon, par un bourgeon avec un rameau, par un rameau avec une branche, et par celle-ci avec la tige, à leur point d'insertion.

ALUMINE, l'une des substances terreuses. Combinée avec l'argile, elle constitue les terres argileuses ou terres fortes.

BIFURCATION, point où une branche ou un rameau se divise en deux et forme la fourche.

BIFURQUER, opérer une bifurcation.

BOURGEON, produit d'un œil développé ; il conserve ce caractère tant que ce développement n'a pas lui-même produit un œil terminal.

BOURSES ; on appelle ainsi, dans les arbres à fruit à pepins, de petits corps charnus qui sont le résultat des boutons.

BOUTONS Petits corps arrondis ou alongés qui naissent sur les tiges, les branches et les rameaux, et qui contiennent les rudimens de la fructification. Ce caractère les distingue des yeux dont ils sont originaires.

BRANCHE, division de la tige ou du tronc. Un rameau dont quelques yeux sont développés prend le caractère de branche.

— **LATÉRALE**, qui a son insertion sur l'un des côtés d'une tige, ou d'une branche.

— **A FRUIT**, celle dont la plus grande partie des organes qui la constituent sont propres à donner des fruits.

— **A BOIS** ; quand le plus grand nombre de ses produits ne sont propres qu'à former du bois.

BRINDILLE, petit rameau grêle et très court, disposé à donner du fruit. C'est la même chose que Lambourde ; voyez pl. V, fig 4.

BROCHE, partie du sarment réservée par la taille de la vigne. V. *Sarment*.

BRULURE, partie des écorces oblitérée, fendue par l'action des rayons solaires, et offrant une couleur autre que celle naturelle à l'arbre.

CALCAIRE, se dit d'un sol dans lequel la chaux domine.

CANDELABRE, taille qui donne aux arbres une forme imitant un candelabre.

CEP, pied de vigne dont la tige est coupée à peu de distance du sol et sur lequel sont établis plusieurs coursons.

CHARGEMENT, état d'un rameau, d'une branche ou d'un arbre qui est déjà ou qui sera chargé d'une très grande quantité de bois ou de fruits.

CHARNU, état d'une branche, d'un rameau ou d'une bourse

dont le tissu cellulaire est rempli d'une très grande quantité de sève arrivée pour ainsi dire à l'état spongieux.

CHARPENTE ; dans les arbres abandonnés à la nature, la charpente s'entend des branches qui occupent les quatre premiers rangs dans leur organisation ; dans ceux taillés en éventail, des branches-mères, sous-mères, secondaires et de ramification ; dans les vases ou gobelets, des branches circulaires ; dans les pyramides et quenouilles, de la tige et des branches latérales.

CONTRE-ESPALIER ; arbres taillés en éventail, palissés sur des treillages plus ou moins éloignés des murs.

CORDON ; on donne ce nom à une tige de vigne conduite horizontalement.

CORNE, bifurcation peu alongée, et dont les deux parties sont taillées de la même longueur.

COURONNE, base des rameaux et des branches, formant empatement sur la branche ou la tige qui les alimente.

COURSON, partie de la vigne attachée au cordon ou au cep, et chargée d'alimenter les sarmens

COURSONNE (branche), identique du courson.

DARD, petit rameau de la longueur de quelques pouces partant à angle droit ou à peu près de la branche qui l'alimente. Voyez pl. V, fig. 2.

DÉCHARGEMENT, opération par laquelle on diminue la quantité de branches, rameaux, boutons ou fruit d'un arbre qui en est trop garni.

DÉNUDÉ, signifie privation, absence de l'objet dont il est question, soit œil, bouton, feuilles, rameaux, etc.

ÉBORGNER, supprimer d'une manière quelconque les yeux ou gemmes inutiles.

ÉBOUCTER, c'est retrancher l'extrémité seulement des bourgeons et rameaux.

ÉBOURGEONNER, c'est retrancher une quantité plus ou moins grande de bourgeons suivant le besoin.

ÉCAILLES, petites folioles avortées servant d'enveloppe aux yeux et boutons.

EMPATEMENT, se dit de la base d'un rameau ou d'une branche qui offre beaucoup de volume à son insertion sur la partie qui la porte.

ENTAILLES, plaies que l'on pratique sous différentes formes sur les parties d'arbres dont on veut détourner la sève.

ÉPAULÉ, se dit d'un arbre soumis à la taille en éventail dont l'une des ailes est épuisée ou retranchée.

ÉPUISEMENT, c'est l'état d'une branche ou d'un arbre incapable de donner des produits durables.

ÉVENTAIL, forme que l'on donne par la taille aux arbres palissés le long des murs ou sur des treillages.

ÉVENTER, c'est tailler assez près de l'œil pour qu'il y ait évaporation.

FANON ; c'est le nom de l'inventeur de cette sorte de taille.

FAUX-BOURGEON, c'est le produit d'un œil développé dans l'aisselle d'une feuille.

FAUX-RAMEAU, c'est un faux-bourgeon terminé par un œil.

FLÈCHE, extrémité supérieure d'un arbre taillé en pyramide et quenouille.

FRUCTIFÈRE, se dit d'un arbre ou d'une de ces parties propres à porter du fruit.

GOURMAND, on appelle ainsi les branches et rameaux conformés de manière à absorber la sève utile à leurs voisins.

GRAS, se dit d'un rameau qui paraît un peu renflé et de bonne constitution.

GRÊLE ; c'est le contraire de *gras*.

GROUPE, assemblage de plusieurs yeux ou boutons réunis en faisceau.

HERBACÉE. partie ou totalité de bourgeon tendre et molle dont les fibres sont peu serrées et et n'ont rien de ligneux.

INCISER ; c'est fendre avec la serpette les écorces des arbres en différens sens.

INERTES, sans mouvement sensible.

INSERTION, lieu où naît une partie, où elle prend son point d'attache.

LAMBOURDE. V. *Brindille*.

LIGNEUX, qui est de même nature et consistance que le bois.

MATER, c'est s'efforcer d'arrêter la vigueur d'une branche ou d'un arbre par un moyen quelconque.

NOUÉ, se dit du fruit ou de l'ovaire fécondé, lorsqu'il commence à prendre de l'accroissement.

OBLITÉRER, se dit d'une branche ou d'un rameau qui perd de ses qualités vitales.

ŒIL ANNULÉ, œil qui laisse à peine de trace apparente, et dont les écailles sont détruites ou très avariées.

ŒIL ou GEMME, on donne ce nom aux petits corps coniques plus ou moins ronds, pointus ou aplatis, suivant les positions qu'ils occupent, et qui poussent sur les différentes parties d'un arbre. C'est le premier état sous lequel la sève se montre au dehors. Voy. pag. 1.

ŒIL INATTENDU, celui qui perce à travers l'écorce du vieux bois, sans être précédé d'écailles apparentes.

ŒIL LATENT ; celui qui reste couvert de ses écailles pendant l'ascension de la sève, sans paraître sensible à la végétation.

ŒIL LATÉRAL. Voy. page 5.

ŒIL TERMINAL. Voy. pag. 4.

ONGLET, petite portion du rameau réservée au dessus de l'œil terminal pour le protéger.

PALMETTE, forme d'une taille qui offre la figure d'une main ouverte et dont les doigts sont écartés.

PÉDONCULE, partie attachée au fruit et lui servant de support ; c'est ce qu'on nomme vulgairement la queue.

PÉTIOLE, support ou queue de la feuille.

PINCEMENT, c'est une opération par laquelle on coupe l'extrémité d'un bourgeon dont on veut arrêter les progrès, en le pressant entre les ongles du pouce et l'index.

PYRAMIDE, se dit d'un arbre taille de manière à imiter cette forme.

QUENOUILLE, sorte de taille qui donne à l'arbre qu'on y soumet la forme d'une quenouille à filer.

RAMEAU, c'est un bourgeon qui a cessé de pousser, et qui est terminé par un œil, ou un bouton.

— A BOIS ; quand il n'est pas propre à donner des fruits.

— A FRUIT, quand il est disposé à en produire.

RAPPROCHER, c'est tailler sur le vieux bois sans supprimer la branche entièrement.

RAVALER, c'est amputer une branche à son insertion.

RECÉPER, c'est couper un arbre à peu de distance de son pied, ou à quelques pouces au dessus du point de la greffe, lorsqu'il en est pourvu.

SARMENT, c'est le bois de la vigne qui a produit les feuilles et les grappes dans l'année qui précède celle où l'on taille.

SÉPALE, foliole du calice.

SILICEUSE, terre où le sable et les cailloux dominent.

SOUS-BOURGEON, production qui part du même point que le bourgeon.

SOUS OEIL, production placée à la base des yeux, et dont elle ne diffère que par sa faible structure, si toutefois elle est apparente.

TAILLE EN TÊTARD, ou TÊTARD, sorte de taille qui donne à un arbre une tête arrondie à l'imitation de celles des orangers, et dont les branches intérieures sont élaguées.

TAILLE EN VERT, c'est supprimer ou raccourcir des branches pendant la présence des feuilles.

TÊTE DE SAULE, se dit d'une branche qui par suite de cassemens successifs produits plusieurs rameaux les uns sur les autres, ce qui lui fait ressembler à la tête d'un saule.

TÉGUMENT, ce qui enveloppe ou recouvre un organe.

TIGE, axe central d'un arbre.

TRAPU, expression triviale qui désigne un rameau bien constitué, gros et court.

TRONC, tige tronquée au point de départ des branches de premier ordre.

VASE OU GOBELET, arbre taillé de manière à ce que les branches qui forment sa charpente offrent par leur ensemble la figure d'un gobelet à patte.

VENTELLE, sarment réservé presque en entier sur une vigne taillée en cul de lampe. Ce nom lui vient de ce qu'il est exposé au vent.

FIN DU VOCABULAIRE.

TABLE DES MATIÈRES.

CHAPITRE II.

PRINCIPES GÉNÉRAUX.

SECTION PREMIÈRE. — *Équilibre de végétation.*

CHAPITRE II.

TAILLES MODERNES.

SECTION PREMIÈRE. — *Taille en éventail.*

SECTION II. — *Des tailles anciennes et hétéroclites à l'air libre.*

TROISIÈME PARTIE.

De quelques insectes et maladies qui affectent les arbres fruitiers, et les moyens de les en garantir.

FIN DE LA TABLE.

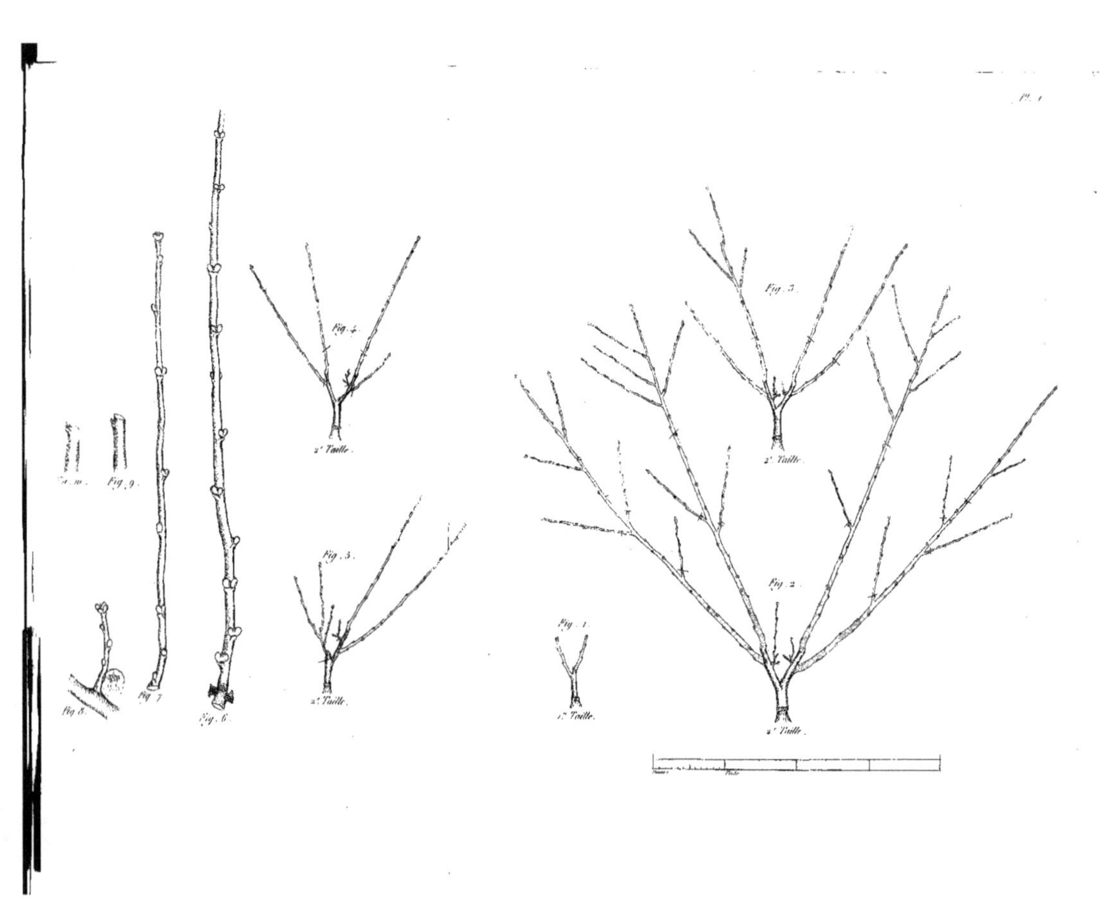

Pl. 1
Fig. 10.
Fig. 9.
Fig. 8.
Fig. 7.
Fig. 6.
Fig. 5.
2.º Taille.
Fig. 4.
2.º Taille.
Fig. 3.
2.º Taille.
Fig. 2.
2.º Taille.
Fig. 1.
1.º Taille.
1.º Taille.

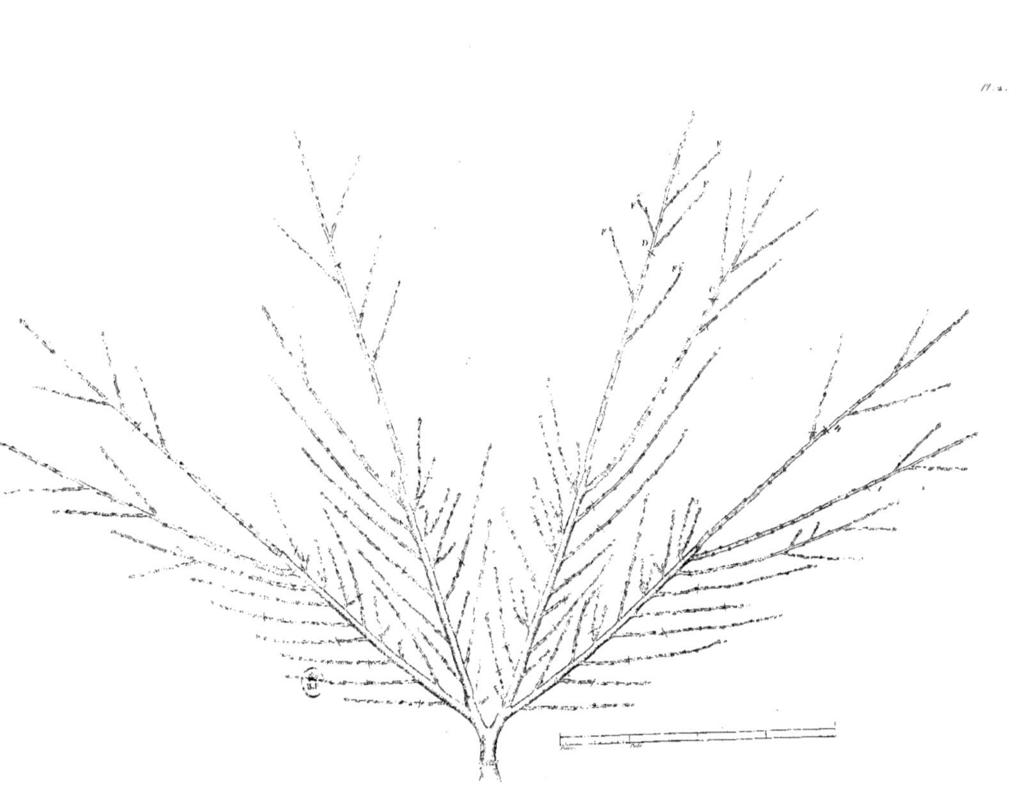

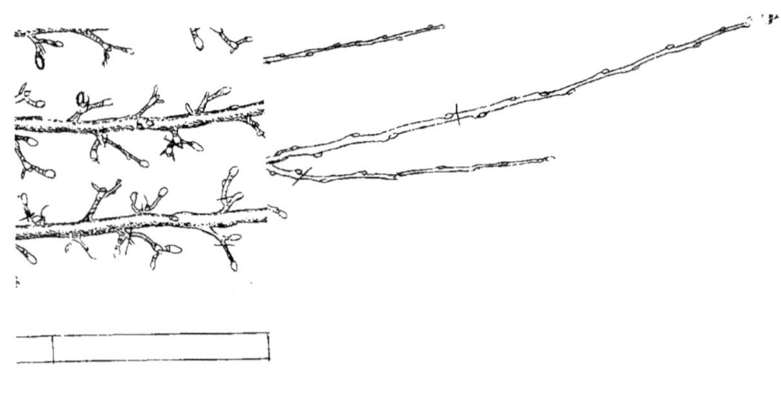

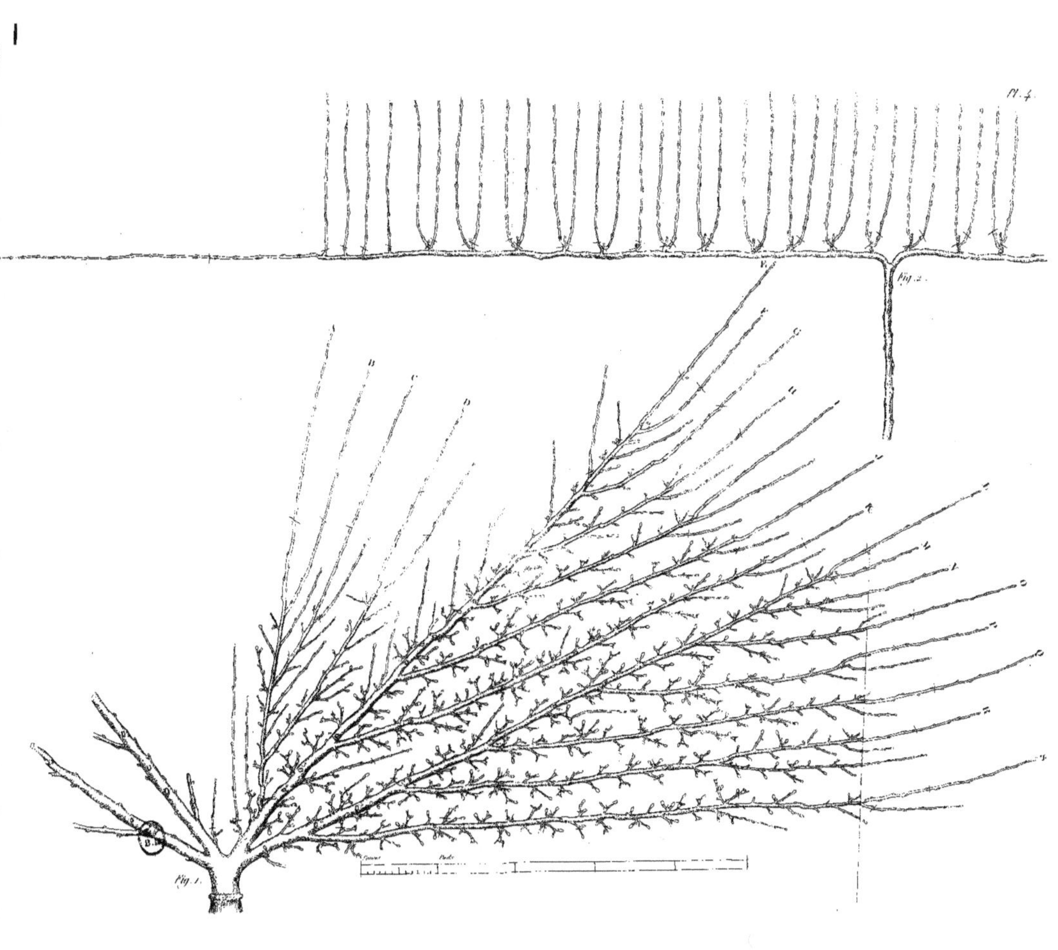
Pl. 4.
Fig. 2.
Fig. 1.

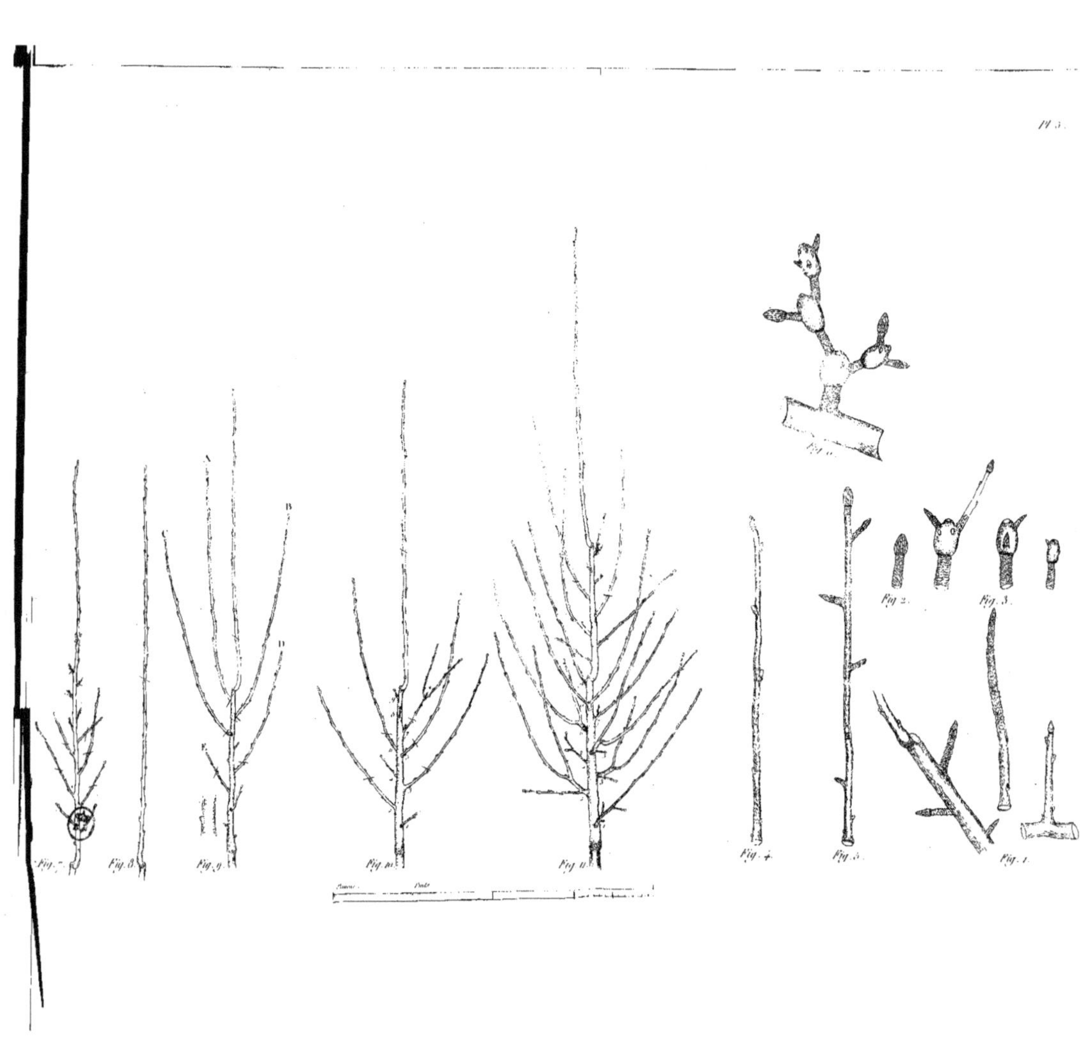

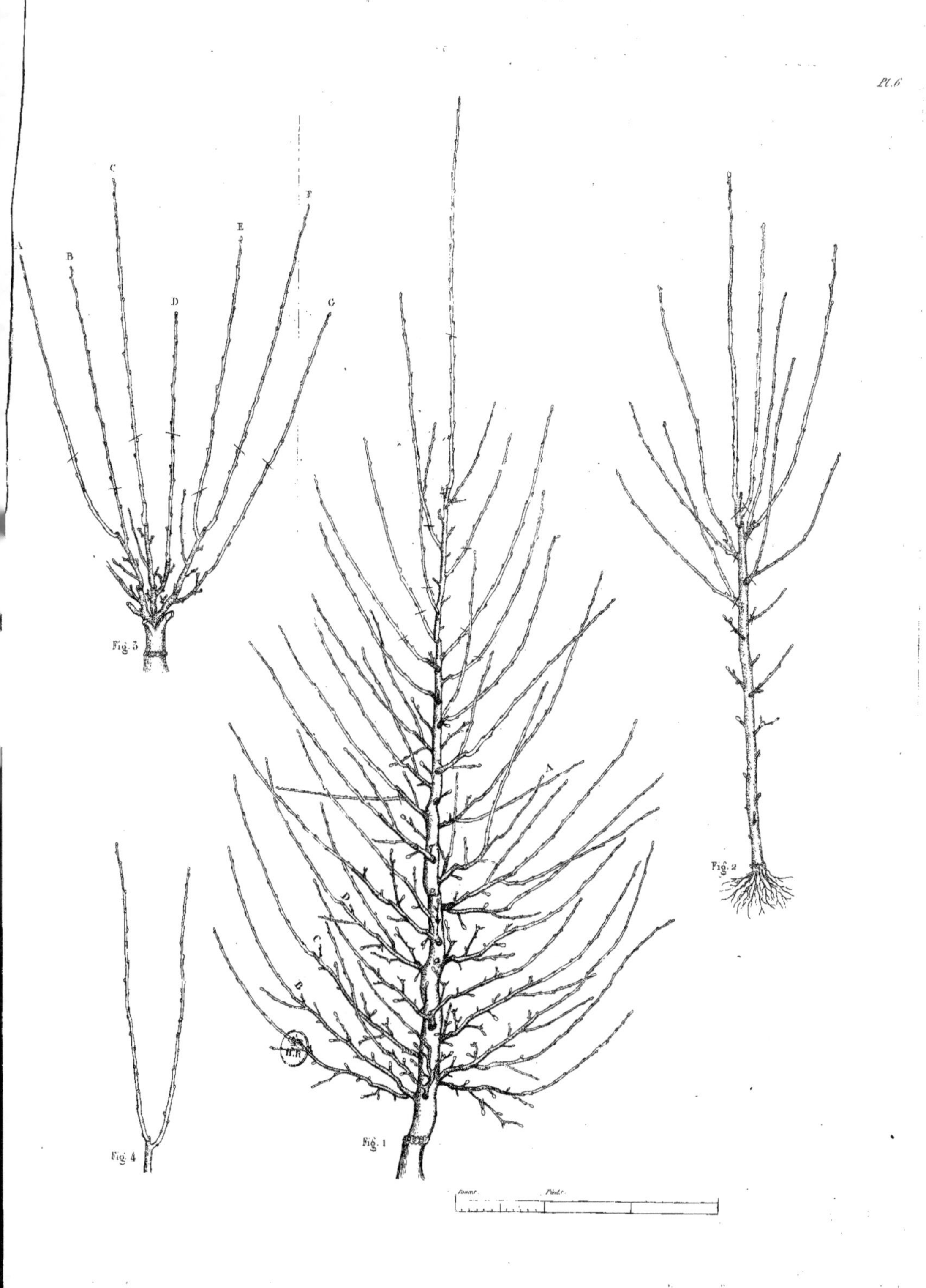
A
B
C
D
E
F
G
Fig. 5
Fig. 4
Fig. 1
A
D
C
B
H.R
Fig. 2
Pomme.
Pêche.

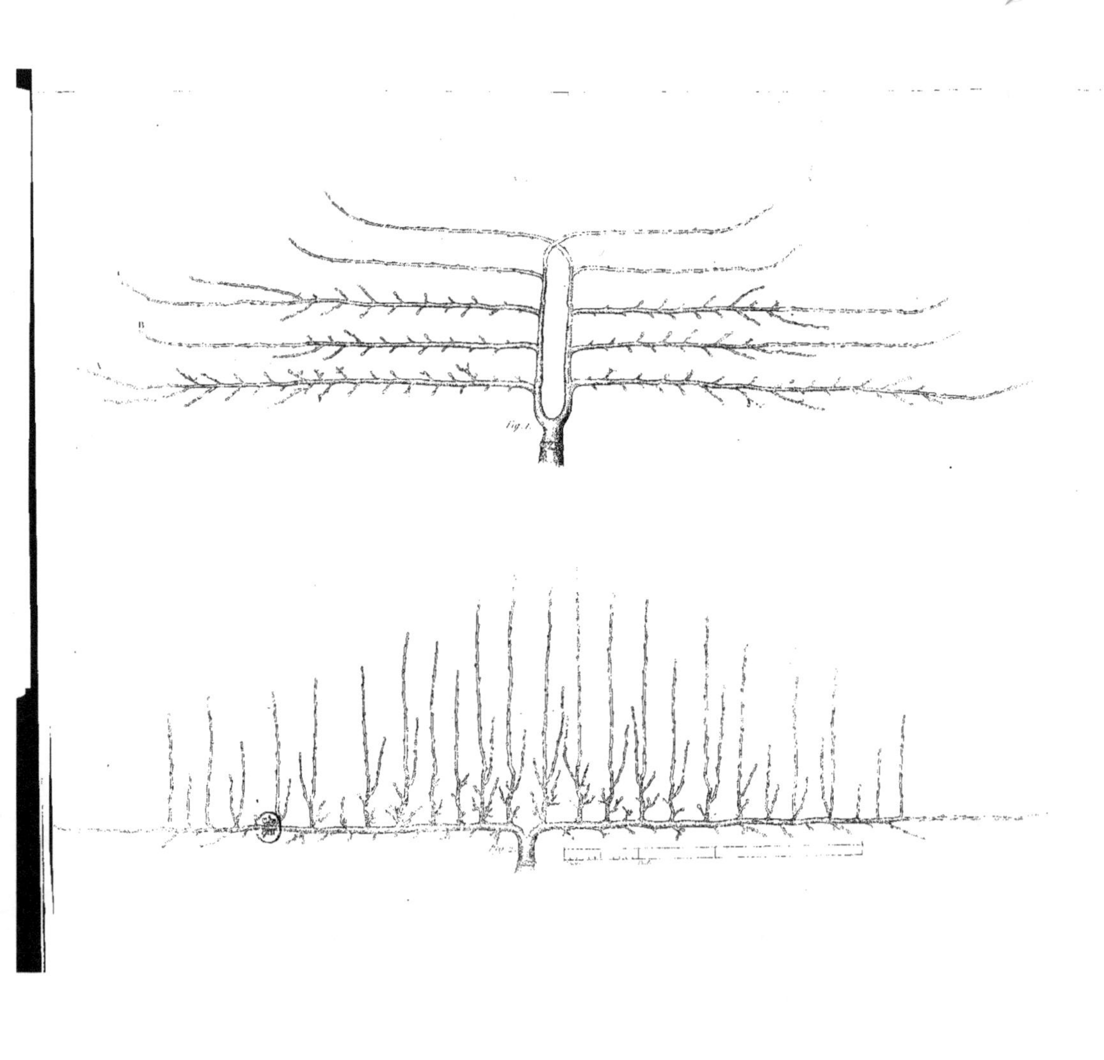
B
Fig. 1.